JN233648

科学技術入門シリーズ
7

マルチメディア処理入門

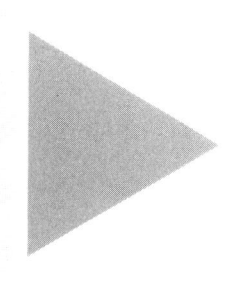

新田恒雄
岡村好庸
杉浦彰彦
小林哲則
金澤　靖
山本眞司
▶著

朝倉書店

執 筆 者

新田 恒雄 (にった つねお)	豊橋技術科学大学大学院工学研究科教授
岡村 好庸 (おかむら よしのぶ)	宇部工業高等専門学校電気工学科助教授
杉浦 彰彦 (すぎうら あきひこ)	豊橋技術科学大学大学院工学研究科助教授
小林 哲則 (こばやし てつのり)	早稲田大学理工学部電気電子情報工学科教授
金澤 靖 (かなざわ やすし)	豊橋技術科学大学知識情報工学系助教授
山本 眞司 (やまもと しんじ)	豊橋技術科学大学知識情報工学系教授

(執筆順)

はしがき

　情報通信技術の過激なまでの進展によりわれわれの生活様式は大きく変わり始めている．特に情報を運ぶ媒体，すなわちメディアが音声や文字単独から，静止画や動画などを含めた複合メディアに拡大し，また複合の仕方や伝送手段も時々刻々変化しつつある．このようにマルチメディア技術の変革は非常に激しく，専門家といえども数年先に到達するであろう世界を，正確に見通せない時代に入っている．

　こうした変革の時代にあって，マルチメディアの普遍的・中核的技術分野を抽出し，それらを高専や大学の専門基礎課程用教科書向けに，平易な言葉で記述することは決して容易なことではない．そこで本書は，この分野の複数の専門家が集まって協議し，各専門家の分担執筆により基礎的・普遍的な分野を平易にかつ時代にマッチした形でまとめあげる努力をした．

　すなわち，マルチメディア技術分野を第1章で概観したのち，
1. 音メディアと信号処理技術
2. 映像（画像）メディアと信号処理技術
3. マルチメディアの構造化と統合技術

の分野に絞り込み，それぞれを6人の専門家に分担執筆いただいた．

　このうち，音メディアと信号処理においては，オーディオならびに音声の符号化法の基礎，文から音声への変換法の基礎のほかに，実用化が始まった音声認識の基礎を解説している．また，映像（画像）メディアと信号処理においては，画像（静止画，動画）の符号化法の基礎，画像生成すなわちコンピュータグラフィック技術の基礎のほかに，画像認識の基礎についてやや詳しく言及している．最後にマルチメディアの構造化と統合技術では，マルチメディア文書作成の基礎，マルチメディア情報通信技術の基礎，ならびにマルチメディアへのアクセス方法としてのマルチモーダル対話の基礎について記述している．

　本書は図表や写真などを極力増やして平易に解説し，マルチメディア技術を初

めて学ぼうとする読者を念頭に，全体を構成したつもりである．本書が読者の理解の一助になれば幸いである．

　最後に，本書の執筆にあたり貴重なアドバイスをいただいた朝倉書店編集部の方がたに心よりお礼を申し上げる．

　2002年3月

著者を代表して　山 本 眞 司

目　　次

1. **マルチメディア処理の枠組み** ……………………………〔新田恒雄〕… 1
   - 1.1 メディアの歴史 ………………………………………………………… 1
   - 1.2 ディジタルメディアの長所 ………………………………………… 3
   - 1.3 マルチメディア処理 …………………………………………………… 4

2. **音メディアと信号処理** ……………………………………………………… 9
   - 2.1 オーディオ符号化 ……………………………………〔岡村好庸〕… 9
     - a．オーディオ音 ………………………………………………………… 9
     - b．ディジタル記録と符号化 ………………………………………… 11
     - c．オーディオ符号化の標準化 ……………………………………… 26
   - 2.2 音声符号化 ………………………………………………〔杉浦彰彦〕… 28
     - a．音声信号の特性 …………………………………………………… 28
     - b．音声の生成モデル ………………………………………………… 29
     - c．音声の分析・合成 ………………………………………………… 30
     - d．音声の高能率符号化 ……………………………………………… 39
     - e．音声符号化の実用例 ……………………………………………… 41
   - 2.3 文-音声変換 ………………………………………………〔新田恒雄〕… 41
     - a．形態素解析 …………………………………………………………… 42
     - b．発音記号列・韻律制御情報生成 ………………………………… 42
     - c．音韻および韻律パラメータ生成 ………………………………… 44
     - d．合　成　器 …………………………………………………………… 45
   - 2.4 音　声　認　識 ………………………………………………〔小林哲則〕… 49
     - a．音声の特徴抽出 …………………………………………………… 50
     - b．静的パターン認識 ………………………………………………… 52
     - c．単語音声認識 ……………………………………………………… 59

d．連続音声認識 ……………………………………………………… 69

3. 映像（画像）メディアと信号処理 …………………………………… 73
3.1 画像符号化 …………………………………………〔杉浦彰彦〕… 73
　　a．画像信号の符号化 …………………………………………………… 73
　　b．画像符号化の原理 …………………………………………………… 75
　　c．静止・準動画像の圧縮 ……………………………………………… 79
　　d．動画像の高能率符号化 ……………………………………………… 82
　　e．画像符号化の実用例 ………………………………………………… 91
3.2 画像生成 ……………………………………………〔金澤　靖〕… 92
　　a．形状のモデル化 ……………………………………………………… 93
　　b．投影のモデル化と変換 ……………………………………………… 95
　　c．照明のモデル化 ……………………………………………………… 99
　　d．隠面消去 ……………………………………………………………… 104
　　e．レイトレーシング …………………………………………………… 106
　　f．テクスチャマッピングとバンプマッピング ……………………… 106
　　g．仮想現実感と複合現実感 …………………………………………… 108
　　h．画像生成のためのツールプログラミングと電子透かし ………… 109
3.3 画像認識 ……………………………………………〔山本眞司〕… 110
　　a．前処理（空間フィルタリング）…………………………………… 113
　　b．特徴量の抽出 ………………………………………………………… 126
　　c．識　　別 ……………………………………………………………… 130

4. マルチメディアの構造化と統合技術 ………………………………… 154
4.1 マルチメディア文書作成 …………………………〔新田恒雄〕… 154
　　a．日本語文書処理 ……………………………………………………… 154
　　b．マルチメディア文書処理 …………………………………………… 156
4.2 マルチメディア情報通信 …………………………〔杉浦彰彦〕… 162
　　a．マルチメディアと情報通信 ………………………………………… 162
　　b．高能率符号化と高能率伝送 ………………………………………… 163
　　c．マルチメディアパケット通信 ……………………………………… 164

4.3　マルチモーダル対話　………………………………〔新田恒雄〕… 171
　　a．コンピュータ UI の歴史 …………………………………… 171
　　b．マルチメディア時代の UI ………………………………… 172
　　c．マルチモーダル対話………………………………………… 173

参 考 文 献………………………………………………………………… 184
索　　　引………………………………………………………………… 188

1
マルチメディア処理の枠組み

　21世紀はマルチメディアの時代といわれる．マルチメディア（multimedia）は，文字メディア，音メディア，映像メディアからなる複合メディアを指すが，近年，これら3つのメディアをディジタルメディア（digital media）の形で統一的に処理し，利用する枠組みが整備され，本格的なマルチメディア情報ネットワーク社会への移行が始まった．以下では，最初に，ディジタルメディアに至るメディアの歴史を振り返る．続いて，ディジタルメディアのもつ長所を概観し，最後に本書の扱うマルチメディア処理の枠組みを説明する．

1.1　メディアの歴史

　メディアの歴史，すなわち人類が情報伝達にどのようなメディアを利用してきたかを概観してみよう（図1.1参照）．原始の時代には，身振りや手振り，時には描画といった映像メディアと非言語音声を用いて情報を互いに伝達していたと考えられる．しかし，こうしたメディアによる伝達は時間的にも空間的にも制限されたものであった．コトバ（音声メディア）の発明は，この制限を緩和するとともに，多量の情報操作（生成・蓄積・運用）を可能にした．続いて文字の発明は，文書の形で貯蔵可能な情報を実現し，さらに印刷と製本技術は人類の知識を時間と空間の制約から解き放した．

　文字メディアは，新聞や雑誌といったマスメディア（mass media）の世界，すなわち情報を広く共有するシステムを備えた世界に到達する．文字メディアは文字文化を生み出す一方，情報生成の簡便さを失い，タイプライタの発明までこの状況は続いた．漢字文化圏はいまだにこの問題を引きずっている．

　音声メディアはその後，電話とテープレコーダの発明を待って時間と空間の制

情報伝達手段としてのメディアの誕生

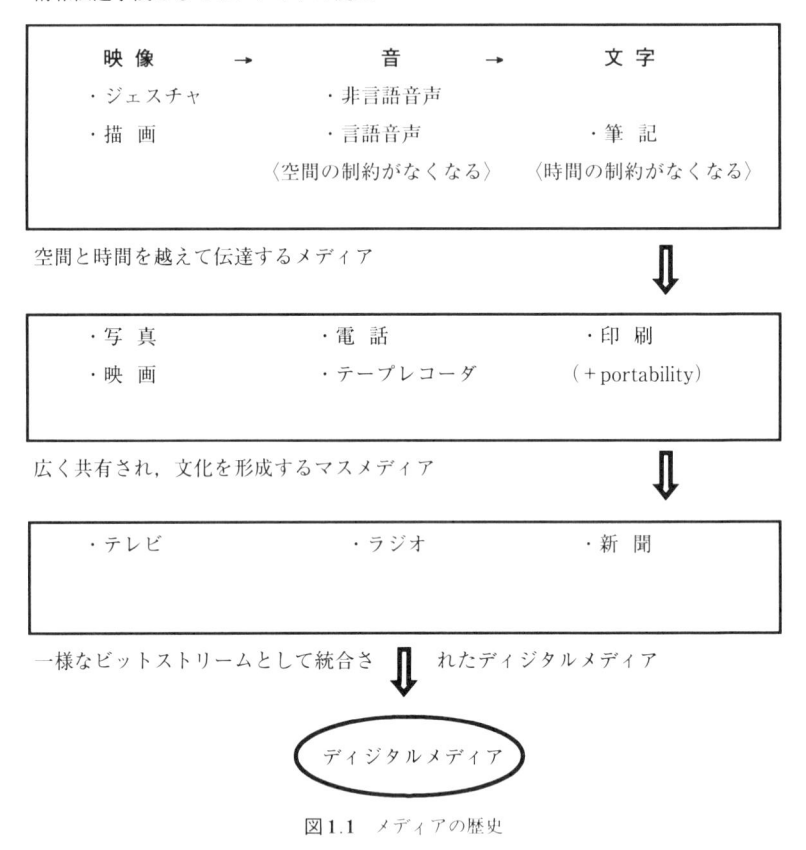

```
┌─────────────────────────────────────────────────────┐
│   映 像    →      音       →      文 字              │
│  ・ジェスチャ    ・非言語音声                        │
│  ・描 画        ・言語音声          ・筆 記          │
│               〈空間の制約がなくなる〉〈時間の制約がなくなる〉│
└─────────────────────────────────────────────────────┘
```

空間と時間を越えて伝達するメディア ⇓

```
┌─────────────────────────────────────────────────────┐
│  ・写 真       ・電 話           ・印 刷             │
│  ・映 画       ・テープレコーダ   （＋portability）   │
└─────────────────────────────────────────────────────┘
```

広く共有され，文化を形成するマスメディア ⇓

```
┌─────────────────────────────────────────────────────┐
│  ・テレビ       ・ラジオ          ・新 聞            │
│                                                     │
└─────────────────────────────────────────────────────┘
```

一様なビットストリームとして統合された ディジタルメディア ⇓

（ディジタルメディア）

図1.1　メディアの歴史

約から解かれ，ラジオの登場で国境を越えるメディアとなると同時に，マスメディアの世界に入った．また映像メディアは，描画がコトバよりも古くから映像表現に利用されていたが，写真，映画，そしてTVによって他のメディアに追いつくとともに，最大のマスメディアとしての地位を形成する．人類は映像→音→文字の順に伝達手段としてのメディアを手にしたと考えられるが，その後の長い文字文化の時代を経て，メディアの発達は文字→音→映像と逆の道をたどったことは興味深い．

1.2 ディジタルメディアの長所

ディジタルメディアの利便性は以下の点にある．
(A) マルチメディア情報を蓄積したり伝送する際に：
— 所望の粒度（granularity）で復元でき，
— すべてのメディアを一元的に扱える．
(B) マルチメディア情報を加工したり利用する際に：
— コンピュータ上で処理できる．

すなわちディジタルメディア化により，文字（テキスト），音，映像は，均質なビットストリームとなり，コンピュータネットワーク上で統一的かつ柔軟に運用できるようになる．粒度とは画像の解像度，音の場合はサンプリング周波数にあたる（量子化ビット数を含めることもある）．解像度を任意に選べることで，同じデータをネットワークや利用端末（の解像度）に合わせて配信することができる．例えばディジタルメディアなら，パーソナルコンピュータ（PC）端末から比較的高い解像度で利用できると同時に，携帯端末からも映像，音とも低い解像度で利用できる．アナログデータの時代には，送信側の符号化器と受信側の復号化器は，同じ解像度をもつ必要があり，それらの間に自由度はなかった．ディジタルメディアの時代になり初めて，こうした柔軟なサービス（シームレスなサービス）が可能になった．

マルチメディアデータをいったんディジタルメディアの形で取り込むと，メディアの種類を意識する必要がなくなる．これまでは，テキスト，音，映像を別々に蓄積したり送信する必要があった．今日では，すべてのデータを一定の入れ物（パケット）に収め，効率よく伝送することができる（こうした伝送方式は非同期伝送モード（Asynchronous Transfer Mode；ATM）と呼ばれる）．さらに，ディジタルメディアはコンピュータにとっても相性のよいデータである．半導体（プロセッサおよびメモリ），ディスク，ネットワーク機器といったハードウェアの高速化と大容量化は，マルチメディアデータの処理速度と格納量にそのまま比例する．同時に，後述するさまざまなマルチメディア信号処理（符号化，暗号化，合成，認識，検索，加工・復元など）の複雑なアルゴリズムが，ソフトウェアだけで実現できるようになったことが大きい．ディジタルメディアに対して所

望の処理を行う場合，以前は処理機能ごとにコンピュータの周辺に専用ハードウェアを用意する必要があった．

一方，ディジタルメディアは影も伴う．上に述べたディジタルメディアのメリットは，主にコンピュータ処理の観点からみたもので，人間との界面からみると多くの問題がある．人間はテキスト，音声，映像を統合して判断しながら対話する能力をもつのに対して，次節で述べるように，現在のコンピュータにはこうした能力が備わっていないことに原因がある．

1.3 マルチメディア処理

代表的なマルチメディアサービスとその例を表1.1に示す．マルチメディア文書の作成とは，例えばテキスト，図表，画像，ビデオを統合的に組み立てて表示するとともに，同一メディア内あるいは異なるメディア間に静的/動的なリンクを張るハイパーメディア（hypermedia）を制作したり，対話性をもたせた電子ブックやプレゼンテーション資料（interactive media）を作成することを指す．マルチメディアデータベース（Multimedia Data Base; MMDB）の保管・運用目的は，アプリケーションに応じて用意されたエージェント（擬人化エージェントやネットワークエージェントなど）を駆使して，対話性豊かな環境を実現するとともに，表に示した身近なDBからネットワーク上のDBを対象に，それらがどこにあるのか意識することなく利用できることにある．また，マルチメディア通信は，音声，ファックス（メモ，図表），電子メール，そして画像・映像を統

表1.1 代表的なマルチメディアサービスとその例

マルチメディア文書作成	― ハイパーメディア作成支援
	（例）電子ブック，ホームページ
	プレゼンテーション資料
マルチメディアDB保管・運用	― 個人用MMDBの保管と利用
	（例）電子秘書
	― CD-ROM/DVD上のMMDB利用
	（例）audio/video, カーナビ, 3Dゲーム
	― ネットワーク上のMMDBの利用
	（例）ネットサーフィン
	ビデオ・オン・デマンド（VOD）
マルチメディア通信	― 音・文字・図形・映像の統合サービス

1.3 マルチメディア処理 5

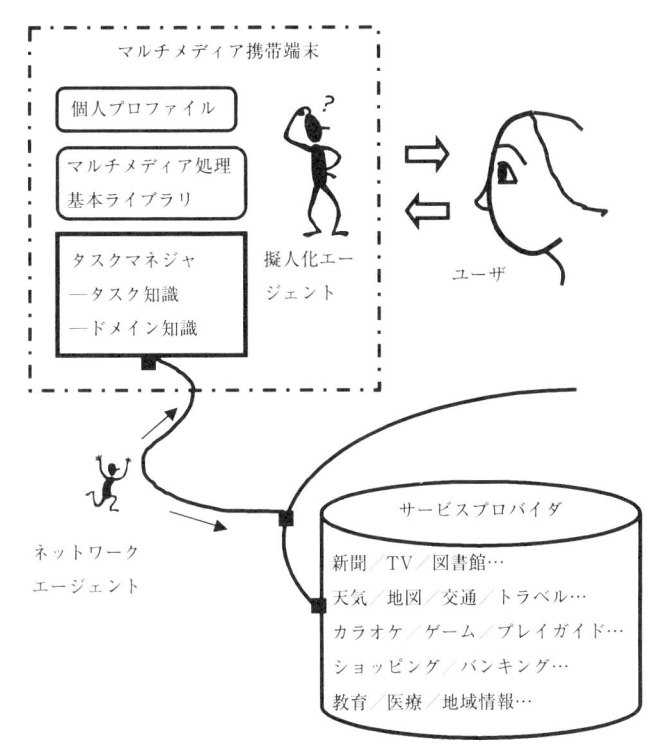

図1.2 知的ナビゲーションシステム

合した多地点間の会議，遠隔教育などを目指している．

　表1.1に示したマルチメディア時代のサービスを実現するには，どのようなシステムが必要であろうか？　図1.2は，近未来の知的ナビゲーションを例にシステムの構成を示したものである．図では携帯端末がネットワークに接続されている．端末は，個人のプロファイル（サービスを受けるにあたって必要な個人情報），マルチメディア処理に必要な基本的クラスライブラリ，そして対話に必要な基本的タスクモデル（情報の検索，スケジュール管理，…）とドメイン知識の一部（天気，交通，地図，…．多くのこうした知識はネットワークから得られるだろう）を組み込んでいる．ユーザは画面上の擬人化エージェントと，音声やペン（あるいは指）を用いて相互に対話することができる（擬人化エージェントは表情，バルーン（文字の吹出し），音声によって応答する）．ユーザの意図（明日の天気を知りたい，飛行機の予約をしたい，…）が，擬人化エージェントを介し

表1.2 マルチメディア信号処理とその応用

符　号　化：	通信，放送，蓄積メディア（CD-ROM/DVD，…）
暗　号　化：	セキュリティ（通信，EC，…）
生成・合成：	音声合成，文-音声変換，音声対話（概念からの合成）
	MIDI，FM音源，GUI，プレゼンテーション，CG
	情報可視（聴）化，臨場感通信，ゲーム，VR，複合現実感
認　　　識：	音声入力（コマンド，データ，ディクテーション，対話）
	文字入力，描画入力，ジェスチャ認識（手話，視線，表情）
	人物センシング（話者，挙動，顔，指紋など）
	画像診断（医療，機械故障，リモートセンシング，…），監視
検　　　索：	キーワード検索（文書，音声），画像検索，情報マイニング
構　造　化：	ハイパーメディア作成，ビデオ編集
統 合 制 御：	実時間かつインタラクティブなマルチメディア応用
	マルチモーダル対話
加工・復元：	エコーキャンセラ，ノイズ除去，話速変換，話者変換

DVD: Digital Versatile Disc, EC: Electronic Commerce, MIDI: Musical Instrument Digital Interface, GUI: Graphical User Interface, CG: Computer Graphics, VR: Virtual Reality

てタスクマネジャに伝えられると，与えられた課題解決のためにネットワークエージェントが仕立てられ，ネットワークに送り出される．ネットワークエージェントは，サービスプロバイダが提供するサーバシステムと交信し，必要な情報をそれに合ったメディアで取り出し，持ち帰る．

マルチメディアサービスは，多くのマルチメディア処理技術に支えられている．表1.2にこれらの処理技術を応用分野とともに示した．本書ではこのうち，符号化技術（音声，オーディオ，画像），生成・合成技術（文-音声変換，画像生成），認識技術（音声，画像），およびマルチメディアの構造化と統合技術を取り上げている．

符号化は現在，マルチメディア処理の中心となっている技術である．永らく低ビット化を目指す技術が先行してきたが，圧縮指向の技術が一段落し，同時に伝送路の高帯域化とメモリの大容量化が進行するに伴い，近年は臨場感重視の研究開発が行われている．将来は，音や映像を構成する個々のオブジェクトを抽出して伝送し，受け手の側で再合成するとともに，オブジェクトを変化させたり，オブジェクトと直接対話することができるようになるだろう．

生成・合成技術では，文書を読み上げたり，さまざまな2次元，3次元のグラフィックスを生成する技術が開発されている．自然性の向上とともに，モデルを

構成するパラメータを制御しやすいことが重要になる．顔画像の合成を例にとると，静止時にどんなに自然な表情でも，口を開き笑顔で話しかける一連の動作が不自然では困る．自然性と制御容易性の両立は，今後の大きな課題である．

　認識技術は対象のメディアにより，また応用によって処理内容が大きく異なる．音声や文字を対象とする場合には，言語処理との連繋が必要になる．また今後は，利用環境に左右されない頑健な認識方式の開発が，応用範囲を拡大するためにも重要になる（音声では騒音下で自由に発話できる，文字では枠なしで自由に続け字で書けるなど）．一方，画像では認識対象を切り出す処理（Ａさんの顔を追跡して目を中心に切り出すなど），いわゆる前処理の段階に多くの努力が要求される．また認識技術全般にいえるが，近年はアルゴリズム開発に確率統計的な手法が導入されることが多くなっており，そのために膨大なマルチメディアコーパス（一定の管理システム下で収集され運用されるものをデータベースと呼ぶのに対して，データの量的側面を重視して集積されたものをコーパス（corpus，もしくは複数形でcorpora）と呼ぶ）を整備することがますます重要になっている．

　複合メディアを生成し，管理し，利用するには，個々のメディアを構造化し，統合制御するための統一した枠組みが必要になる．インターネットに関する技術の標準化を目指すＷ３Ｃ（World Wide Web Consortium）では，XML（Extensible Markup Language）を中心に，こうした枠組みを順次提供している．この中には，音や映像ストリームの記述に関するSMIL（Synchronized Multimedia Integration Language），携帯から音声でWebをブラウズすることを可能にするVoiceXML，その他Graphics，数式，化学式など特定用途の記述を可能にするさまざまな規格が含まれる．また，データを表現するためのデータ，すなわちメタデータを記述する言語として，RDF（Resource Description Framework）が策定され，Web上の情報を効率的に検索する枠組みも整備されつつある．

　マルチメディアデータが構造化されると，次に個々のマルチメディアオブジェクトに対するアクセスが必要になる．コンピュータがマルチメディア情報を統合制御しつつ，利用者と対話することを可能にするために，現在，マルチモダール対話（Multi-Modal Interaction）と呼ばれる新しいHIが研究されている．

　マルチメディア分散オブジェクト環境とそれらの利用方法が整備されると，か

つてメディアの歴史がたどったように，時間・空間の制約がいっそう減り，情報が広く共有される時代が来ることが期待される．

2

音メディアと信号処理

2.1 オーディオ符号化

a．オーディオ音

　空気中の縦波で人がその耳に知覚できるものを音というが，正確には，気体や液体中の縦波，固体中の縦波や横波なども含み，波を伝える媒質やその周波数につき広い範囲の現象をいう．空気中の縦波すなわち空気の振動方向が伝播の方向に一致する疎密波にも人の耳に知覚できるか否かで可聴周波数以上の超音波，それ以下の超低周波音，および可聴周波数の音と分かれる．オーディオには聴くという意味がある．オーディオ周波数とは可聴周波数ということになる．人はおよそ 20 Hz～20 kHz の範囲の周波数を音として聴くことができるといわれている．この上下限は人により，年齢などにより多少異なる．本節ではこのような周波数を有する楽音や音声などのオーディオ音の基礎的，一般的な符号化を扱う．

　人は耳の中に入ってきた空気振動が鼓膜を振るわせるため音の感覚を得ている．すなわち空気の圧力の変化を音として感じるのである．空気の圧力は音があるときには，音のないときの圧力を基準にして正負に変化する．この圧力の変化部分を音圧と呼び $p(t)$ で表す．音圧は時間とともに変化するので，通常実効値で表される．

$$p = \sqrt{\frac{1}{T}\int_0^T \{p(t)\}^2 dt} \tag{2.1}$$

単位は Pa（パスカル）である．1 Pa とは 1 m² につき 1 N（ニュートン）の圧力をいう．ところで，人の感覚は刺激の物理量の対数に比例する．例えば刺激の強さが 1, 10, 100, … と 10 倍ごとに変化するとき，人は刺激が 0, 20, 40, … と一定

数ずつ増加するように感じる．このような聴感に基づき，音圧レベルが

$$L = 10 \log_{10}\left(\frac{p^2}{p_0^2}\right) = 20 \log_{10}\left(\frac{p}{p_0}\right) \tag{2.2}$$

と定義されている．p_0 は基準音圧 20 μPa である．音圧レベル L の単位は dB（デシベル）である．dB とは量の比較に用いられる単位であり，6 dB で p は p_0 のほぼ 2 倍となる．通常，人の耳に聞こえる範囲の音圧は 20 μPa から 200 Pa 程度の範囲の非常に小さい圧力であるが，その音圧レベルの範囲は 0 dB から 140 dB までと非常に広い．

音圧の変化が周期的であるとき，1 秒間に繰り返される回数を周波数（振動数）といい，Hz（ヘルツ）で表す．その 1 回当たりの時間を周期という．単位は s（秒）である．周波数 f と周期 T には次の関係がある．

$$T = \frac{1}{f} \tag{2.3}$$

したがって Hz＝s^{-1} である．音圧 $p(t)$ が正弦的に変化するとき，実効値を p とすると

$$p(t) = \sqrt{2} p \sin(2\pi f t) \tag{2.4}$$

と表され，このような音を周波数 f の純音と呼ぶ．これは最も単純な音である．一定の周期をもったいろいろな音はすべて純音の集まりとして

$$p(t) = \sum_{n=1}^{\infty} \sqrt{2} p_n \sin(2\pi n f_0 t + \theta_n) \tag{2.5}$$

と表すことができる．p_n, θ_n はそれぞれ周波数 $n f_0$ の純音の実効値，位相角である．f_0 は基本周波数と呼ばれる．

ブーンというような羽音よりはひっかいたようなキーキーいう音はよく耳につく．音圧レベルが同じであっても，人が聴いたときの音の大きさが周波数により異なることは実験的に確認されている．そこで同じ大きさの音を同じ数値で表すために，音の大きさのレベルが使われている．ある音の大きさのレベルとはその音と同じ大きさに聞こえる 1 kHz の純音の音圧レベルと同じ数値で単位を phon（ホン）としたものである．図 2.1 に音圧，音圧レベル，音の大きさのレベルの関係を示す．

音を記録して必要なときに再生することができれば都合がよい．音圧の変化は一時性なので，これを他のものに変換する必要がある．マイクロホンは音を電気信号に変換し，スピーカは電気信号を音に変換する電気音響変換器である．今日

2.1 オーディオ符号化

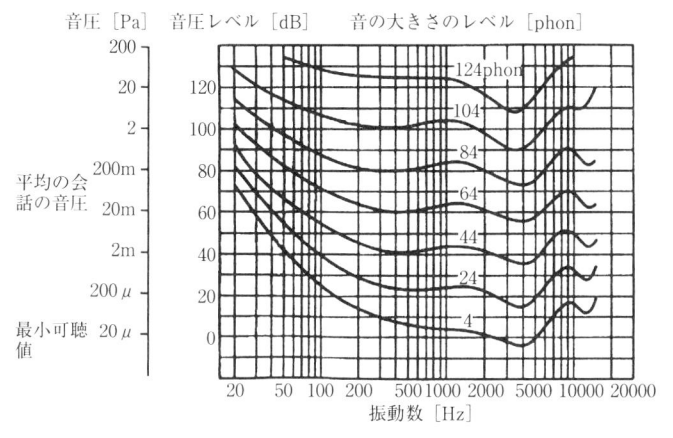

図 2.1 音圧，音圧レベル，音の大きさのレベル

これらを用いて，音圧を電圧に変換しその電圧を媒体に記録して，必要なときに電圧を復元して音を再生することができる．電圧は音圧に対応する連続的な値をもち時間的に変化する．これをオーディオ音に対してオーディオ信号と呼ぶことにする．オーディオ信号の波形はアナログ波形である．アナログ波形をそのまま記録しようとする方法をアナログ記録と呼び，いくつかの不連続な測定点の値をディジタル化して記録する方法をディジタル記録と呼ぶ．アナログ記録では波形の正確な再現はほとんど不可能なのに対し，ディジタル記録では一定の条件のもとで同じ波形の再現が可能である．LPからCDへの変化にみられるように今日ではディジタル記録が主流となってきている．

b．ディジタル記録と符号化
1）オーディオ波形の周波数表現

オーディオ音（信号）の波形をオーディオ波形と呼ぶことにする．これはアナログ波形である．$-T/2 \leqq t \leqq T/2$ の有限区間におけるオーディオ波形 $x(t)$ をフーリエ級数に展開して

$$x(t) = \frac{a_0}{2} + \sum_{n=1}^{\infty} \left\{ a_n \cos\left(2\pi \frac{nt}{T}\right) + b_n \sin\left(2\pi \frac{nt}{T}\right) \right\} \quad (2.6)$$

と書くことができる．自然数 n, m に対して三角関数は直交関係：

$$\int_{-T/2}^{T/2}\sin\left(2\pi\frac{nt}{T}\right)\cos\left(2\pi\frac{mt}{T}\right)dt=0 \qquad (2.7\,\text{a})$$

$$\int_{-T/2}^{T/2}\cos\left(2\pi\frac{nt}{T}\right)\cos\left(2\pi\frac{mt}{T}\right)dt=\frac{T}{2}\delta_{n,m} \qquad (2.7\,\text{b})$$

$$\int_{-T/2}^{T/2}\sin\left(2\pi\frac{nt}{T}\right)\sin\left(2\pi\frac{mt}{T}\right)dt=\frac{T}{2}\delta_{n,m} \qquad (2.7\,\text{c})$$

を満たす.ここで $\delta_{n,m}$ はクロネッカーのデルタで

$$\delta_{n,m}=\begin{cases}1 & n=m \\ 0 & n\neq m\end{cases} \qquad (2.8)$$

と定義されている.式(2.6)の両辺に $\cos(2\pi mt/T)$,または $\sin(2\pi mt/T)$ を掛け t で積分する.直交関係式(2.7)および式(2.8)を用いると,フーリエ係数 a_0, a_n, b_n が次のように得られる.

$$a_0=\frac{2}{T}\int_{-T/2}^{T/2}x(t)dt \qquad (2.9\,\text{a})$$

$$a_n=\frac{2}{T}\int_{-T/2}^{T/2}x(t)\cos\left(2\pi\frac{nt}{T}\right)dt \qquad (2.9\,\text{b})$$

$$b_n=\frac{2}{T}\int_{-T/2}^{T/2}x(t)\sin\left(2\pi\frac{nt}{T}\right)dt \qquad (2.9\,\text{c})$$

これらを用いると,得られたオーディオ波形 $x(t)$ のフーリエ係数が計算できる. $a_0/2$ は $x(t)$ の直流成分すなわち $-T/2\leq t\leq T/2$ における波形の平均値を表し, a_1, b_1 はそれぞれ $x(t)$ に含まれる基本波成分 $\cos(2\pi t/T)$, $\sin(2\pi t/T)$ の振幅を表す.一般に a_n, b_n は n 次の高調波成分 $\cos(2\pi nt/T)$, $\sin(2\pi nt/T)$ の振幅を表す.基本波の周波数は $f_0=1/T$ である.位相 θ_n,スペクトル強度 s_n 用いて式(2.6)を sin 関数だけで表すことができる.

$$x(t)=s_0+\sum_{n=1}^{\infty}s_n\sin\left(2\pi\frac{nt}{T}+\theta_n\right) \qquad (2.10)$$

式(2.10)を展開して式(2.6)と比較すると,係数 s は

$$s_0=\frac{a_0}{2} \qquad (2.11\,\text{a})$$

$$s_n=\sqrt{a_n^2+b_n^2} \qquad (2.11\,\text{b})$$

$$\tan\theta_n=\frac{a_n}{b_n} \qquad (2.11\,\text{c})$$

と関係づけられる.式(2.10)は純音の集まりとしての音(2.5)に対応する.通常,

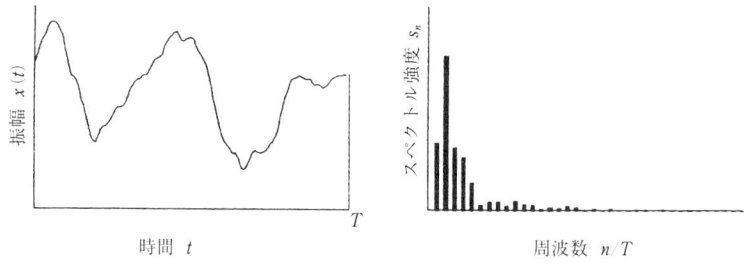

図 2.2 オーディオ波形とそのスペクトラム

波形は横軸に時間，縦軸にその振幅をとって図示するが，横軸に周波数 (n/T) または角周波数 ($2\pi n/T$) をとり縦軸にスペクトルの強度をとった図示もできる．これをスペクトラムという．オーディオ波形とそのスペクトラムを図 2.2 に示す．

オーディオ波形 $x(t)$ をフーリエ級数展開すると，周波数 (n/T) の正弦波に s_n 倍の重みづけされたものの和として表すことができる．ここで s_n は $x(t)$ を用いて，式 (2.9) および (2.11) から計算される．すなわち，オーディオ波形は通常は時間軸上の波形として表されるが，周波数軸上のスペクトル強度として表すこともでき，こちらの方がオーディオ波形の分析には適する．スペクトラムはオーディオ波形の表現の 1 つである．

i を虚数単位 ($\sqrt{-1}$) として，オイラーの公式：

$$e^{i2\pi(nt/T)} = \cos\left(2\pi\frac{nt}{T}\right) + i\sin\left(2\pi\frac{nt}{T}\right) \tag{2.12}$$

を用いれば，式 (2.6) は

$$x(t) = c_0 + \sum_{n=1}^{\infty}(c_n e^{i2\pi(nt/T)} + c_{-n}e^{-i2\pi(nt/T)}) = \sum_{l=-\infty}^{\infty}c_l e^{i2\pi(lt/T)} \tag{2.13}$$

と書き直せる．l は整数である．ここで

$$c_0 = \frac{1}{2}a_0 \tag{2.14 a}$$

$$c_n = \frac{1}{2}(a_n - ib_n) \tag{2.14 b}$$

$$c_{-n} = \frac{1}{2}(a_n + ib_n) \tag{2.14 c}$$

なので c_l は複素数となる．式 (2.9) と (2.14) を用いて，任意の整数 l につきその複素フーリエ係数 c_l は

$$c_l = \frac{1}{T}\int_{-T/2}^{T/2} x(t)e^{-i2\pi(lt/T)}dt \tag{2.15}$$

から求めることができる．式(2.13)を $x(t)$ の複素フーリエ級数展開と呼ぶ．

波形の範囲が十分大きい場合，直接 T を無限大にすると c_l が 0 となるので工夫がいる．角周波数 ω を $\omega = 2\pi l/T$ と定義する．ω の増減値は $\Delta\omega = 2\pi(\Delta l)/T = 2\pi/T$ なので，式(2.13)の両辺それぞれに $1 = (T/2\pi)\Delta\omega$ を掛けると

$$x(t) = \sum_{(T/2\pi)\omega=-\infty}^{\infty} \frac{T}{2\pi} c_l e^{i\omega t} \Delta\omega$$

また式(2.15)は

$$\frac{T}{2\pi}c_l = \frac{1}{2\pi}\int_{-T/2}^{T/2} x(t)e^{-i\omega t}dt$$

$T \to \infty$ の場合を考え，$\lim_{T\to\infty}(T/2\pi)c_l = c(\omega)$ とする．ω に関する和を積分に置き換えて

$$x(t) = \int_{-\infty}^{\infty} c(\omega)e^{i\omega t}d\omega \tag{2.16}$$

$$c(\omega) = \frac{1}{2\pi}\int_{-\infty}^{\infty} x(t)e^{-i\omega t}dt \tag{2.17}$$

を得る．$c(\omega)$ は複素数波 $e^{i\omega t}$ の振幅を表し，$x(t)$ の複素振幅スペクトル密度と呼ばれる．時間軸上の波形 $x(t)$ から角周波数軸上の複素振幅スペクトル密度 $c(\omega)$ への変換 (2.17) をフーリエ変換，その反対の変換 (2.16) をフーリエ逆変換と呼ぶ．

2) オーディオ波形の標本化

オーディオ波形 $x(t)$ を記録し再現するには，すべての時刻 t における値を定めなければならないであろうか．人はおよそ 20 Hz～20 kHz の範囲の周波数を音として聴くことができるだけである．言い換えれば，20 kHz 以上の周波数は聴くことができないのでカットしても人の耳には識別できない．一方 $x(t)$ はさまざまな周波数をもつ正弦波の集まりである．この中から 20 kHz を超える周波数の正弦波を除いても変化は感じられないであろう．また直流成分は音として聞こえない波形の平均値なので，レベルを調整して 0 に設定することが可能である．式(2.6)において n 次の高調波周波数 $nf_0 = n/T$ を 20 kHz までとると，$n = 1$～20 kT なので

$$x(t) = \sum_{n=1}^{20kT} \left\{ a_n \cos\left(2\pi \frac{nt}{T}\right) + b_n \sin\left(2\pi \frac{nt}{T}\right) \right\} \quad (2.18)$$

すなわち，20 kHz までの周波数を含む $x(t)$ を定めるには $a_1 \sim a_{20kT}$, $b_1 \sim b_{20kT}$ の $40kT$ 個のフーリエ係数を求めなければならない．これは T の間に $40kT$ 点以上，すなわち 1 秒間に $40k$ 点以上の測定を行えばよいことを示している．ただし勝手な間隔で測定することはできず，等間隔で行う．$x(t)$ の測定時刻を標本点，その値を標本値と呼び，標本値をとっていくことを標本化という．その測定間隔が標本化間隔，逆数が標本化周波数である．標本化周波数とは 1 秒間の測定回数である．$40k$ は $x(t)$ に含まれる最高周波数 20 kHz の 2 倍である．一般に $x(t)$ に含まれる最高周波数を W とすると，標本化周波数 f_s は $2W$ 以上であればよい．これを次に証明する．

波形 $x(t)$ の複素振幅スペクトル密度 $c(\omega)$ の角周波数 ω が $-2\pi W \leq \omega \leq 2\pi W$ の区間以外では 0 であるとする．このように周波数成分がある有限区間に制限されている波形を帯域制限された波形という．標本化周波数を $f_s \geq 2W$ として，$-\pi f_s \leq \omega \leq \pi f_s$ の範囲，すなわち，周期 $2\pi f_s$ として式 (2.13) のように $c(\omega)$ を複素フーリエ級数に展開する．

$$c(\omega) = \sum_{l=-\infty}^{\infty} c_l e^{i2\pi(l\omega/2\pi f_s)} = \sum_{l=-\infty}^{\infty} c_l e^{i(l\omega/f_s)} \quad (2.19)$$

このとき係数 c_l は式 (2.15) より

$$c_l = \frac{1}{2\pi f_s} \int_{-\pi f_s}^{\pi f_s} c(\omega) e^{-i(l\omega/f_s)} d\omega \quad (2.20)$$

波形 $x(t)$ は式 (2.16) により

$$x(t) = \int_{-\infty}^{\infty} c(\omega) e^{i\omega t} d\omega = \int_{-\pi f_s}^{\pi f_s} c(\omega) e^{i\omega t} d\omega \quad (2.21)$$

と表されるので $t = -l/f_s$ とおくと

$$x(-l/f_s) = \int_{-\pi f_s}^{\pi f_s} c(\omega) e^{-i(l\omega/f_s)} d\omega \quad (2.22)$$

式 (2.20) と (2.22) を比較すると

$$c_l = \frac{1}{2\pi f_s} x(-l/f_s) \quad (2.23)$$

を得る．これを式 (2.19) に代入すると

$$c(\omega) = \sum_{l=-\infty}^{\infty} \frac{1}{2\pi f_s} x(-l/f_s) e^{i(l\omega/f_s)} = \sum_{k=-\infty}^{\infty} \frac{1}{2\pi f_s} x(k/f_s) e^{-i(k\omega/f_s)} \quad (2.24)$$

したがって，式 (2.21) よりオーディオ波形 $x(t)$ は

$$x(t) = \frac{1}{2\pi f_s} \sum_{k=-\infty}^{\infty} x(k/f_s) \int_{-\pi f_s}^{\pi f_s} e^{-i(k\omega/f_s)} e^{i\omega t} d\omega = \sum_{k=-\infty}^{\infty} x(k/f_s) \frac{\sin \pi (f_s t - k)}{\pi (f_s t - k)} \quad (2.25)$$

と表すことができる．これは $x(t)$ の周波数成分が $0 \sim W$（負の周波数まで考えれば $-W \sim W$）に限られているとき，波形 $x(t)$ は $1/f_s$ 間隔の波形の値 $x(k/f_s)$ により完全に定まることを示している．すなわち，$f_s \geqq 2W$ なる標本化周波数で標本化を行えばよい．これを標本化定理という．$t = k/f_s$ ($k = -\infty, \cdots, 0, \cdots, \infty$) が標本点，そのときの値 $x(k/f_s)$ が標本値，$1/f_s$ が標本化間隔となる．ここで $\{\sin \pi (f_s t - k)\}/\{\pi (f_s t - k)\}$ は波形 $x(t)$ に関係しない t の関数で，標本化関数と呼ばれる．ディジタルオーディオの標本化周波数の規格は DAT が 48 kHz，CD，MD は 44.1 kHz である．

3) 標本値のディジタル記録

波形 $x(t)$ の標本値 $x \equiv x(k/f_s)$ は時間軸上では離散値であるが，振幅値としては連続的な値をもつ．ディジタル記録するためには x を離散値に変換する必要がある．このような操作を量子化と呼ぶ．量子化では x の値の範囲を有限個に分割して，1 つの値の範囲に入る標本値 x には同じ値（代表値）を与える．一般に標本値 x は有限であるので，その有限区間の最小値を r_1 として x の増加方向に $r_2, r_3, \cdots, r_{N+1}$ と N 個に分割する．r_{N+1} は有限区間の最大値である．$x < r_1$ または $x > r_{N+1}$ のとき，x の確率密度関数 $f(x)$ は 0 である．この分割された区間を量子化ステップ，その数を量子化レベル数と呼ぶ．上記分割の量子化レベル数は N である．i 番目の量子化ステップ内の x をそのステップの代表値 y_i で表す．ただし，$i = 1, 2, 3, \cdots, N$ である．このとき，連続的な標本値 x を離散的な代表値 y_i で表すため，誤差 $e_i = x - y_i$ が生じる．これを量子化歪み（雑音）という．多くの場合，量子化ステップの大きさは等しくとられる．これを線形量子化という．図 2.3 に $N = 8$ の場合の線形量子化の様子を示す．

ところが量子化レベル数が同じでも，標本値 x の確率密度が高いところの量子化ステップの大きさを細かくして，低いところは粗くすると，量子化歪みを平均して小さくすることができる．このような量子化を非線形量子化と呼ぶ．確率密度関数 $f(x)$ を用いると，量子化歪みの 2 乗平均 $\langle e_i^2 \rangle$ は次の式で与えられる．

2.1 オーディオ符号化

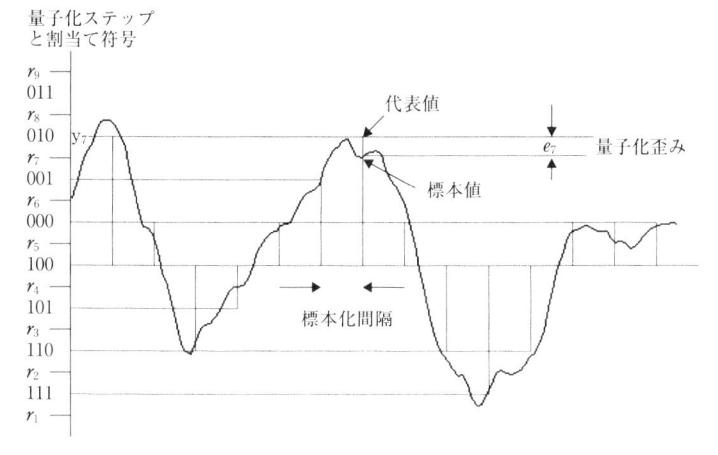

図2.3 オーディオ波形の標本化と量子化

$$\langle e_i^2\rangle \equiv \langle (x-y_i)^2\rangle = \sum_{i=1}^{N}\int_{r_i}^{r_{i+1}}(x-y_i)^2 f(x)dx \quad (2.26)$$

次に，代表値 y_i を各量子化ステップの中心にとり，量子化ステップ i 内で $f(x)$ は一様分布 f_i と仮定すると

$$\langle e_i^2\rangle = \sum_{i=1}^{N} f_i \int_{-\Delta_i/2}^{\Delta_i/2} s^2 ds = \sum_{i=1}^{N} f_i \frac{\Delta_i^3}{12} \quad (2.27)$$

を得る．ここで Δ_i は i 番目の量子化ステップの大きさ，すなわち $\Delta_i = r_{i+1} - r_i$ である．線形量子化では $i=1,2,3,\cdots,N$ に対して $\Delta = \Delta_i$ となるので

$$\langle e_i^2\rangle = \sum_{i=1}^{N} f_i \frac{\Delta^3}{12} = \frac{\Delta^2}{12} \quad (2.28)$$

を得る．量子化レベル数 N を8として図2.4のような確率密度をもつ標本値 x の線形量子化と非線形量子化との量子化歪みの差異を計算してみよう．

線形量子化の場合，式(2.28)で $\Delta = 1$ なので量子化歪みの2乗平均値は $1/12$ となる．一方非線形量子化では，式(2.27)を用いて $0.73/12$ を得る．図では量子化レベル数は同じであるが，非線形量子化すると，量子化歪みが平均として27％小さくなる．量子化レベル数を固定したときの量子化歪みの2乗平均を最小にする量子化を最適量子化という．最適量子化では分割区切り r_i と代表値 y_i を決めることが問題となる．これにはマックスの方法やロイドの方法がある．最適量子化器はロイド-マックス量子化器と呼ばれている．線形量子化のみでは対象とするオーディオ音の性質を考慮していないので，情報圧縮とはならないが，

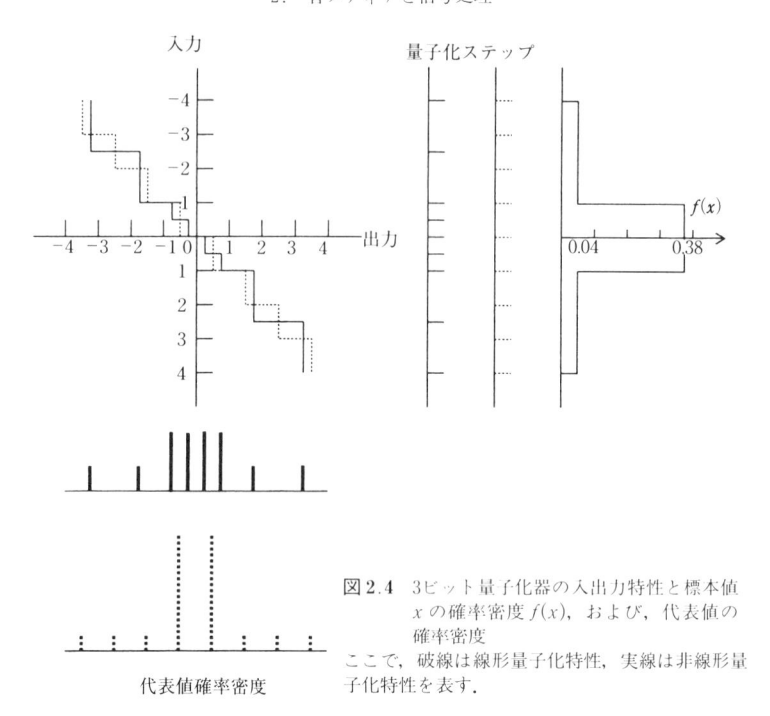

図 2.4 3ビット量子化器の入出力特性と標本値 x の確率密度 $f(x)$,および,代表値の確率密度
ここで,破線は線形量子化特性,実線は非線形量子化特性を表す.

標本値 x の統計的性質 $f(x)$ や人の聴覚特性を組み合わせることにより情報圧縮が可能となる.

代表値 y_i を 2 進数に対応づけることを符号の割当てという.生起確率 p で生じる結果を知ったときに得る情報量 $I(p)$ は

$$I(p) = -\log_2 p \tag{2.29}$$

と定義されている.その単位は bit(ビット)である.すなわち 1 bit とは 1/2 の確率で生じる結果を知ったときに得た情報量のことである.2 進数 1 桁は,0 または 1 で最大 1 bit の情報量をもつことから,1 bit といわれる.一般に 2 進数の桁数が bit と呼ばれている.代表値 y_i を B bit の 2 進数に対応づける場合,標本値の最小値から最大値までを $N=2^B$ 量子化レベルに分けることができる.図 2.4 の量子化では $N=8$ なので $B=3$ となり,図 2.3 と同じように符号を割り当てることができる.

量子化による歪み雑音の効果を調べるために信号対雑音比 SNR を次のように定義する.

$$\mathrm{SNR} = 10\,\log_{10}\frac{\langle x^2 \rangle}{\langle e_i^2 \rangle} \tag{2.30}$$

単位は dB である．これは信号と量子化歪みのパワーの期待値の比である．$\langle x^2 \rangle$ は標本値 x の 2 乗平均で信号の大きさを表し，ビット数 B に依存しない．雑音の大きさを表す $\langle e_i^2 \rangle$ は線形量子化では分割区間の大きさが等しいので，$\varDelta = (r_{N+1} - r_1)/2^B$ として式(2.28)を用いると

$$\mathrm{SNR} = 6.02B + 4.77 - 20\,\log_{10}\frac{(r_{N+1} - r_1)/2}{\sqrt{\langle x^2 \rangle}} \tag{2.31}$$

これは 1 bit 増えるごとに約 6 dB ほど信号対雑音比がよくなることを表している．図の線形量子化の場合，$B = 3$，$(r_{N+1} - r_1)/2 = 4$，$\langle x^2 \rangle = 5.8/3$ なので SNR は約 13.7 dB となる．

以上のような符号化をパルス符号変調（Pulse Code Modulation；PCM）といい，線形量子化した符号を線形 PCM，非線形量子化した符号を非線形 PCM と呼ぶ．

符号を割り当てられたオーディオ信号はメディアに記録されたり，ネットワークを介して送られたりする．このとき 1 秒間に送れる情報量をビットレートといい，

$$I = f_s B \tag{2.32}$$

と表す．単位は bit/s（ビット/秒）であり，bps と表記されることが多い．一般に品質をおとさずにビットレートをできるだけ小さくすることが望まれる．オーディオ信号の周波数帯域が決まっている場合，最小の標本化周波数は標本化定理から定まる．したがってビット数 B を減らすことが必要であるが，信号対雑音比は 1 bit 減るごとに 6 dB 悪くなる．CD では 16 bit の線形 PCM が用いられているので，ステレオ伝送のビットレートは

$$I_\mathrm{CD} = 44.1\,\mathrm{kHz} \times 16\,\mathrm{bit} \times 2 \cong 1.41\,\mathrm{Mbit/s}$$

となる．1 byte（バイト）= 8 bit とするとこれは 176.4 kbyte，すなわち 1 時間では約 640 Mbyte となる．MD では同じ標本化周波数が用いられているが圧縮符号が用いられているので，ステレオ伝送のビットレートは 288 kbit/s といわれている．

4）圧縮符号化

オーディオ信号を線形 PCM 化したデータは容量が大きい．そこで，これらの

伝送や蓄積には品質の低下を伴わない，あるいは低下を聴覚に感じないという条件での圧縮技術が必要となる．標本値をディジタル記録するときには量子化，相関符号化，エントロピー符号化を組み合わせた情報圧縮処理が行われる．量子化には必然的に量子化雑音が発生するが，エントロピー符号化は本来可逆で，符号誤りが生じなければ完全再生が可能である．相関符号化には時間領域におけるものと周波数領域におけるものがあり，特に周波数相関符号化としては DCT (Discrete Cosine Transform；離散コサイン変換) が代表的である．DCT は直交変換なので可逆であるが，人の聴覚特性を組み合わせることによりデータの圧縮を図っている．これらはビットレートを低減するための符号化であり，情報源符号化と呼ばれる．オーディオの符号化技術はこれに加えて，複数のスピーカを用いて立体再生するためのマルチチャネル符号化およびネットワークでの高信頼性を達成する通信路符号化から成り立っている．ここでは変換符号化の中で重要な DCT，代表的なエントロピー符号化であるハフマン符号ならびに人の聴覚特性と符号化について説明する．

一般にオーディオ信号の標本値 $x_k \equiv x(k/f_s)$ には相関があるので，標本値を直交変換により無相関の基底ベクトルの 1 次結合で表し，その係数の偏りを利用して量子化することで圧縮符号化することができる．直交変換の 1 つである KLT (Karhunen-Loeve Transform；カルーネン-レーベ変換) は，定常確率過程において理論的には 2 乗誤差を最小にする最適変換であるが高速アルゴリズムが存在しないため非実用的である．そのため最近では KLT に近い符号化効率を示す DCT が用いられている．DCT は KLT を近似できることに加えて演算量が少ないこと，またその係数は周波数領域の信号とみなせるので人の聴覚特性に合わせた処理が変換領域で容易に行えるなどの利点をもつ．いま N 個の標本値 x_k ($k=0, 1, 2, \cdots, N-1$) が与えられているとすると，その DCT 係数は

$$X_m = \sum_{k=0}^{N-1} \Psi^{(N)}_{m,k} x_k \qquad (m=0, 1, 2, \cdots, N-1) \tag{2.33}$$

と定義される．ここで

$$\Psi^{(N)}_{m,k} = \sqrt{\frac{2}{N}} c_m \cos\left[\frac{(2k+1)m\pi}{2N}\right] \tag{2.34 a}$$

$$c_m = \begin{cases} 1/\sqrt{2} & m=0 \\ 1 & m \neq 0 \end{cases} \tag{2.34 b}$$

式(2.33)の変換を正規化されたN点DCTと呼ぶ．式(2.33)の両辺に $\Psi^{(N)}{}_{m,n}$ を掛けて m につき和をとると

$$\sum_{m=0}^{N-1}\Psi^{(N)}{}_{m,n}X_m = \sum_{m=0}^{N-1}\Psi^{(N)}{}_{m,n}\sum_{k=0}^{N-1}\Psi^{(N)}{}_{m,k}x_k = \sum_{k=0}^{N-1}\sum_{m=0}^{N-1}[\Psi^{(N)}]^T{}_{n,m}\Psi^{(N)}{}_{m,k}x_k$$
$$= \sum_{k=0}^{N-1}\delta_{n,k}x_k = x_n$$

すなわち逆変換は

$$x_n = \sum_{m=0}^{N-1} X_m \Psi^{(N)}{}_{m,n} \qquad (n=0,1,2,\cdots,N-1) \tag{2.35}$$

となる．ここで直交関係

$$\sum_{m=0}^{N-1}[\Psi^{(N)}]^T{}_{n,m}\Psi^{(N)}{}_{m,k} = \delta_{n,k} \tag{2.36}$$

を用いた．$[\Psi^{(N)}]^T$ は $\Psi^{(N)}$ の転置行列を表し，式(2.36)より $\Psi^{(N)}$ の逆行列となる．式(2.36)は次のように証明できる．

$$\sum_{m=0}^{N-1}[\Psi^{(N)}]^T{}_{n,m}\Psi^{(N)}{}_{m,k} = \frac{2}{N}\left\{\frac{1}{2} + \sum_{m=1}^{N-1}\cos\frac{(2n+1)m\pi}{2N}\cos\frac{(2k+1)m\pi}{2N}\right\}$$
$$= \frac{1}{N}\left\{1 + \sum_{m=1}^{N-1}\cos\frac{(n+k+1)m\pi}{N} + \sum_{m=1}^{N-1}\cos\frac{(n-k)m\pi}{N}\right\}$$

$n+k+1$ と $n-k$ は互いに偶数と奇数の関係になるので，$n\ne k$ のとき右辺第2項と第3項の和は -1，$n=k$ のとき右辺第2項は0で第3項は $N-1$ となり，与式はクロネッカーのデルタで表される．$N=3$ の具体的な例をみておこう．

$$\Psi^{(3)} = \sqrt{\frac{2}{3}}\begin{bmatrix} \sqrt{\frac{1}{2}} & \sqrt{\frac{1}{2}} & \sqrt{\frac{1}{2}} \\ \cos\frac{\pi}{6} & \cos\frac{3\pi}{6} & \cos\frac{5\pi}{6} \\ \cos\frac{2\pi}{6} & \cos\frac{6\pi}{6} & \cos\frac{10\pi}{6} \end{bmatrix} = \begin{bmatrix} \frac{1}{\sqrt{3}} & \frac{1}{\sqrt{3}} & \frac{1}{\sqrt{3}} \\ \frac{1}{\sqrt{2}} & 0 & -\frac{1}{\sqrt{2}} \\ \frac{1}{\sqrt{6}} & -\frac{2}{\sqrt{6}} & \frac{1}{\sqrt{6}} \end{bmatrix} \tag{2.37}$$

これに転置行列を掛けると容易に単位行列が得られることがわかる．

$$[\Psi^{(3)}]^T\Psi^{(3)} = \begin{bmatrix} \frac{1}{\sqrt{3}} & \frac{1}{\sqrt{2}} & \frac{1}{\sqrt{6}} \\ \frac{1}{\sqrt{3}} & 0 & -\frac{2}{\sqrt{6}} \\ \frac{1}{\sqrt{3}} & -\frac{1}{\sqrt{2}} & \frac{1}{\sqrt{6}} \end{bmatrix}\begin{bmatrix} \frac{1}{\sqrt{3}} & \frac{1}{\sqrt{3}} & \frac{1}{\sqrt{3}} \\ \frac{1}{\sqrt{2}} & 0 & -\frac{1}{\sqrt{2}} \\ \frac{1}{\sqrt{6}} & -\frac{2}{\sqrt{6}} & \frac{1}{\sqrt{6}} \end{bmatrix} = \begin{bmatrix} 1 & 0 & 0 \\ 0 & 1 & 0 \\ 0 & 0 & 1 \end{bmatrix} \tag{2.38}$$

標本値の離散コサイン展開式(2.35)を具体的に書き下すと，式(2.33)よりDCT

係数の第 0 成分は

$$X_0 = \sqrt{N}\sum_{k=0}^{N-1}\frac{x_k}{N} = \sqrt{N}\,\bar{x} \tag{2.39}$$

となるので，これを代入して

$$x_n = \bar{x} + \sqrt{\frac{2}{N}}\sum_{m=1}^{N-1} X_m \cos\left[\frac{(2n+1)m\pi}{2N}\right] \tag{2.40}$$

を得る．ここで $\bar{x}$ は標本値の平均を表す．すなわち第 0 成分は直流成分を表し，他の高次の成分は交流成分を表すことがわかる．寄与の小さい高次の交流成分をカットすることにより圧縮を行う．M 次以上の交流成分をカットした場合，標本値は

$$\tilde{x}_n = \sum_{m=0}^{M-1} X_m \Psi^{(N)}{}_{m,n} \qquad (n=0,1,2,\cdots,N-1) \tag{2.41}$$

と復号されるので，このときの平均 2 乗誤差 $\langle e^2 \rangle$ は直交関係式 (2.36) を用いて

$$\langle e^2 \rangle = \sum_{n=0}^{N-1}\langle (x_n - \tilde{x}_n)^2 \rangle = \sum_{n=0}^{N-1}\left\langle \left(\sum_{m=M}^{N-1} X_m \Psi^{(N)}{}_{m,n}\right)^2 \right\rangle = \sum_{m=M}^{N-1}\langle X_m^2 \rangle \tag{2.42}$$

となる．DCT 係数の 2 乗平均は式 (2.34) を用いると

$$\langle X_m^2 \rangle = \sum_{n=0}^{N-1}\sum_{k=0}^{N-1} \Psi^{(N)}{}_{m,n}\langle x_n x_k \rangle [\Psi^{(N)}]^T_{k,m} \tag{2.43}$$

と表されるので，標本値の相関係数行列 $\langle xx \rangle$ がわかるとカットによる誤差を評価することができる．$N=3$ として相関係数行列を

$$\langle xx \rangle = \begin{bmatrix} 1 & \rho & \rho^2 \\ \rho & 1 & \rho \\ \rho^2 & \rho & 1 \end{bmatrix} \tag{2.44}$$

と仮定する．カット次数が $M=2$ の場合，平均 2 乗誤差は

$$\langle e^2 \rangle = \langle X_2^2 \rangle = 1 - \frac{4}{3}\rho + \frac{1}{3}\rho^2 \tag{2.45}$$

となる．相関が大きいときに高次の成分は少なく，$\rho \cong 1$ のとき平均 2 乗誤差はほぼ 0 である．なお，DCT では変換ブロックの境界で量子化誤差が不連続になるため，これを修正して隣り合うブロックとの直交性をも考えた，重合せ直交変換 MDCT（Modified Discrete Cosine Transform；変形離散コサイン変換）が工夫され各標準の要素技術として採用されている．

　発生確率の高い記号には短い符号を，また発生確率の低い記号には長い符号を割り当てることにより，平均符号長を小さくすることができる．このように記号

の発生確率の偏りを利用して可変長符号を割り当てる圧縮符号化をエントロピー符号化という．元の記号を1つずつ一意復号可能な符号に符号化するとき，平均符号長を最小にする符号の構成法をハフマン符号化法，その符号をハフマン符号と呼ぶ．2元ハフマン符号は次の(1)(2)(3)の手順に従って構成される．

(1) 各記号に対応する葉をつくり，おのおのの葉に記号の発生確率を記す．
(2) 確率の最も小さい2枚の葉に対し1つの節点をつくり，その節点と2枚の葉を枝で結ぶ．この2本の枝には0と1を割り当てる．さらにこの節点に2枚の葉の確率の和を記し，この節点を新たに葉と考える．
(3) 葉が1枚しか残っていなければ，その残った1枚の葉から元の葉に連なる枝をたどり，枝に割り当てられた2進数をつないで符号構成法は終了する．そうでなければ(2)に戻る．

具体的に次のような2進数のデータを考えてみよう．

$$0 0 0 0 0 1 1 0 0 0 0 0 0 0 1 0 0 0 1$$

0の発生確率は16/20＝0.8，1の発生確率は4/20＝0.2である．これを1つずつ2進符号に変換しても符号長は変わらないが，この発生確率をもつ0と1を2つずつまとめて1つの記号とみなすと，その記号の発生確率は次のようになる．

記号	0 0	0 1	1 0	1 1
発生確率	0.64	0.16	0.16	0.04

前記の構成手順に従い，図2.5のように発生確率の小さいものを2つずつ束ねた木構造を作成し，木の枝に0と1を割り当ててハフマン符号を構成する．このとき前述の2進数データの符号系列は

$$0 0 1 0 1 1 0 0 0 0 1 0 0 1 0$$

となり20個が15個に圧縮されている．これは1つの具体例であるが，平均的には0と1の発生確率がそれぞれ0.8，0.2と与えられる記憶のない情報源の2進数データを上記のようにハフマン符号化すると，理論的には1つの2進数当たりの平均符号長 L は

$$L=\frac{1}{2}(1\times0.64+2\times0.16+3\times0.16+3\times0.04)=0.78$$

となり，平均して22%の圧縮ができる．さらに圧縮率を高めるには，3つずつあるいは4つずつと，より多くの2進数データをまとめてハフマン符号化する方

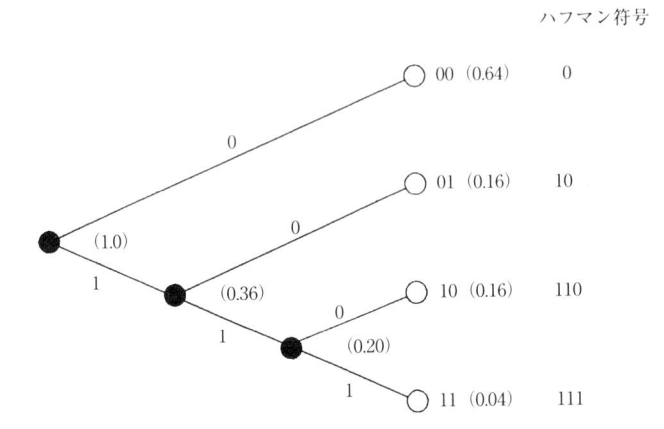

図 2.5 ハフマン符号構成のための木構造

法（ハフマンブロック符号化法）があるが，平均符号長の下限である情報源のエントロピーに近づけるにはかなり多くの 2 進数を束ねなければならない．これを改善するには，同じ 2 進数データが連続する長さ（ランレングス）を符号化するランレングス符号化法を併用すればよい．これは発生確率の高い同じ 2 進数をできるだけ多くひとまとめにして短い符号を割り当てることにより圧縮率を上げる方法であり，ランレングスハフマン符号化法と呼ばれる．上記の例を用いてランレングスハフマン符号化をしてみよう．長さ 3 までの 0 のランで区切った 2 進数を 1 つの記号とみなすと，その発生確率は次のようになる．

記号	0 0 0	0 0 1	0 1	1
発生確率	0.512	0.128	0.16	0.2

これを図 2.6 のようにハフマン符号化する．このとき符号系列は

$$0\ 1\ 1\ 1\ 1\ 0\ 0\ 0\ 1\ 1\ 1\ 0\ 1\ 0$$

となり 20 個が 14 個に圧縮されている．理論的にはこの符号化法の平均符号長は $1\times0.512+2\times0.2+3\times0.16+3\times0.128=1.776$ であり，4 つの記号の平均長 $\bar{n}$ は

$$\bar{n}=3\times0.512+3\times0.128+2\times0.16+1\times0.2=2.44$$

であるので，1 つの 2 進数当たりの平均符号長は $1.776/2.44=0.728$ となる．すなわち 27.2% の圧縮となり，これは 3 つずつ束ねた場合のハフマンブロック符号化法と同じ圧縮率であることが容易にわかる．ハフマン法はエントロピー論的に

2.1 オーディオ符号化   25

ランレングスハフマン符号

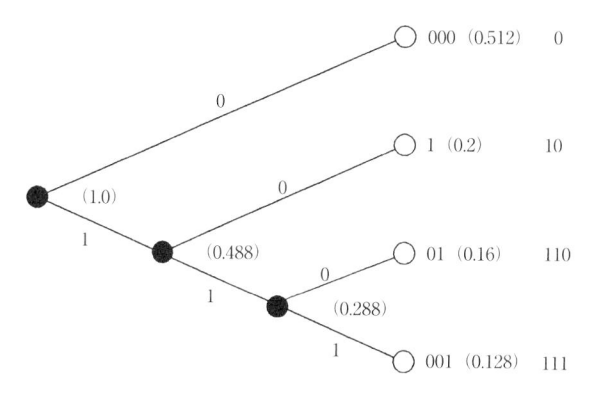

```
                              ○  000  (0.512)   0
                 0
         0
                              ○  1    (0.2)    10
    (1.0)            0
            (0.488)
         1                    ○  01   (0.16)   110
                 1
                      (0.288)
                 1
                              ○  001  (0.128)  111
```

図 2.6 ランレングスハフマン符号構成のための木構造

は最適であるが，前もって2進数データを調べてから圧縮処理をするという2段階の操作を必要とする短所がある．しかし近年これを解消する工夫も発表されている．一般にエントロピー符号化は圧縮符号化の最終段階で適用されることが多い．

　圧縮符号化における人の聴覚特性で重要なのは，最小可聴限界とマスキングである．最小可聴限界は，特定の標準状態において人が聴くことのできる最小の音圧をいい音圧レベルで表す．波形や周波数によりその値は異なる．無響室内での純音の最小可聴限界を結んだ曲線を最小可聴曲線といい図 2.7 に示す．約 4 kHz のときが一番感度がよい．まわりに音（マスカー）があるときは，最小可聴限界より音圧レベルが高い音でも聞こえないという現象が生じる．これをマスキングという．マスキングはある信号成分があると時間的，周波数的にその近傍の信号成分の存在を聴覚的に隠す現象である．ある時点の信号が，時間的にそれより後の信号とその前の信号をマスクするのを時間軸上のマスキングという．ある周波数の信号が大きな音圧を示すとき，その近傍周波数の小さな音圧の音が知覚できない場合を周波数軸上のマスキングという．マスキングはマスクをする大きな音圧の周波数から離れるほど弱くなり，低周波数域よりは高周波数域により広く及ぶ．周波数軸上のマスキングの様子も図 2.7 に示す．A 音がマスカーである．C 音は最小可聴限界以上の音圧であるが A 音のマスク領域に入っており知覚されない．B 音は最小可聴限界以下なので同様に知覚されない．したがって

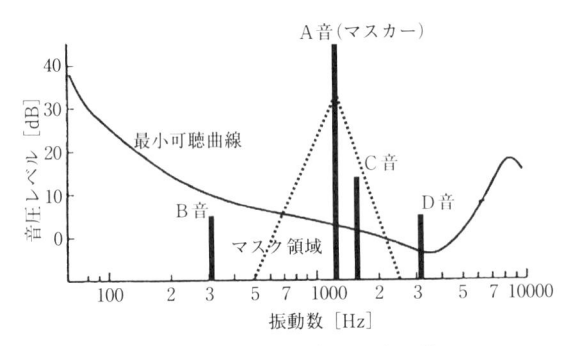

図2.7 最小可聴限界とマスキング

符号化するのはA音とD音だけでよいことになる．これをオーディオ波形の周波数成分に応用することで効率のよい符号化を達成できる．このような人の聴覚特性をモデル化したものが聴覚心理モデルと呼ばれ，種々の標準の中で取り入れられている．

c．オーディオ符号化の標準化

マルチメディア，ネットワークなどの相互接続の観点から符号化方式の標準化は重要である．1988年に開始されたオーディオ符号化の国際規格は，MPEG-1, MPEG-2/BC（Backward Compatible），MPEG-2/AAC（Advanced Audio Coding）の標準化を経て，1999年にはMPEG-4の標準化も終えている．MPEGとはMoving Picture Experts Groupの略称である．このような正規の手続きを経て決められた規格以外にも，元はある会社の特定の規格であったものが実質的に標準となったデファクトスタンダードといわれるものもある．マルチチャネル符号化方式のAC-3（Audio Coder 3）や圧縮符号化方式のATRAC（Adaptive Transform Audio Coder）などがその代表である．

MPEGはその名の通り，本来動画の符号化に付随する標準であるが，オーディオ単独の符号化としても役立ち，放送や蓄積の片方向システムへの適用が考えられている．規定は復号器のみで，品質保証は符号器に依存しており，その最高品質を公表している．

MPEG-1では標本化周波数を32 kHz, 44.1 kHzおよび48 kHzにして蓄積メディアへの適用を目的とする標準化が進められた．MPEG-1には3種類のアル

ゴリズムが規定され，それぞれレイヤ I, II, III と呼ばれている．オーディオ音は帯域が広いため，帯域をサブバンドに分割して帯域ごとに標本値を間引き（サブサンプリング）した後，量子化を行うサブバンド符号化が採られている．レイヤ I, II, III とも 32 帯域のサブバンド符号化であり，聴覚心理モデルを用いて量子化をする点は同じである．レイヤが I, II, III と進むにつれて多くの基本処理（MDCT，ハフマン符号化など）が追加されて複雑になるが，圧縮率も高くなり低ビットでの利用が可能となっている．典型的ビットレートは 1 チャネル当たりレイヤ I で 128 kbit/s，レイヤ II で 96 kbit/s，レイヤ III で 64 kbit/s である．圧縮がよいので利用の高い MP3 は MPEG-1 レイヤ III を用いたものである．

MPEG-2 では MPEG-1 のマルチチャネル化を目的とする標準化が進められた．5.1 チャネル（5 チャネル信号＋低周波強調の 6 スピーカからなる構成，低周波強調が他のチャネルの約 1/10 の帯域幅なので 0.1 と数える）を MPEG-1 のアルゴリズムで圧縮するマルチチャネル規格と MPEG-1 の標本化周波数を半分にして低ビットに対応させた低標本化規格がある．前者の対象とするビットレートは MPEG-1 と同じであり，後者の典型的ビットレートは 1 チャネル当たりレイヤ I で 128 kbit/s，レイヤ II, III で 56 kbit/s である．MPEG-2/BC では MPEG-1 との互換性を重視して，MPEG-1 のアルゴリズムを別の動作領域に流用したため同じ条件での最高品質を達成できなかった．そこで MPEG-2/AAC は互換性を放棄する代わりに品質を最適化した．新しく取り入れられた処理は時間領域量子化雑音整形と予測である．また MPEG-2/AAC では最大 7.1 チャネル構成が可能となっている．

MPEG-4 はインターネットでの利用を考慮した標準化である．MPEG-1 から MPEG-2/AAC に至る規格で採用された基本技術の大部分に加えいくつかの新技術を採用して，これまで含まれなかった音声信号も取り入れた汎用符号化標準である．利用もインターネットに限られず，蓄積，携帯やテレビ電話，放送などに対応できる．

現在 MPEG オーディオは CS（Communication Satellite；通信衛星）放送や BS（Broadcasting Satellite；放送衛星）放送の規格として採用されている．

AC-3 は標本化周波数が 32 kHz，44.1 kHz および 48 kHz で，モノラルから 5.1 チャネルまでのオーディオ信号を 32 k〜640 kbit/s のビットレートで符号化できるマルチチャネル符号化方式である．オーディオ信号に MDCT を行い，変

換領域で聴覚特性を利用して圧縮を行う．MPEG-2/AACとの共通点も多くその母体の1つとなっている．DVDのオーディオ符号化方式に採用されている．

ATRACは標本化周波数が44.1 kHzで，ステレオ信号を300 kbit/s弱で符号化できる．帯域分割とMDCTを併用している．符号化，復号化とも経済的なLSIで実現されており，民生用としてMDで用いられている．

2.2　音声符号化

a．音声信号の特性

音声信号の実測結果と統計処理により，音声の次のような特性が知られている．音声符号化では，音声や聴覚の特性を利用して高能率な圧縮を実現している．

(1)　音声信号の振幅分布は，振幅の大きい区間（母音が主の有声音区間）では指数分布で近似され，振幅の小さい区間（子音が主の無声音区間）では正規分布で近似される．しかし人間の音声信号の場合，エネルギー的にも時間的にも，母音区間が圧倒的に多いので，指数分布であると考えればよい．この特性により，信号（振幅）次元での近似が可能であることがわかる．

(2)　音声波形のスペクトル分布から，音声信号のエネルギーは800 Hz以下の周波数成分が約8割で，それ以上はおおむね−10 dB/octの傾斜をもつスペクトルで近似できると考えられている．この特性により，スペクトル（周波数）次元での近似が可能であることがわかる．

(3)　音声波形の大部分は定常母音部で，その区間では図2.8に示すように，相関波形は周期性を示す．このときの基本周波数（ピッチ周波数）は，音源での発振周波数に等しく，日本人男性で125 Hz（平均値），分布の標準偏差は20.5

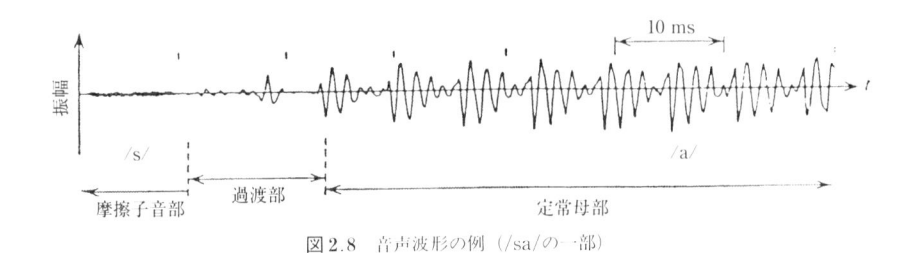

図2.8　音声波形の例（/sa/の一部）

Hz, 女性ではその2倍くらいである. この周期性を利用すれば, 定常音声（母音）の近似が容易になることがわかる.

(4) 音声波形のスペクトルには, 図2.9のように, エネルギーが集中する複数個（普通4カ所から5カ所ぐらい）の周波数帯域が存在する. それらはホルマルトと呼ばれ, その帯域内でスペクトル強度の最も強い周波数で, それらを代表しホルマルト周波数という. そして各母音に応じて, ほぼ特定のホルマルト構造が存在する. これは調音運動による共振現象の一種であり, 調音器官の共振周波数がホルマルト周波数となって現れたものであると考えられる. この特性を利用して音声認識や話者識別を行うこともできる.

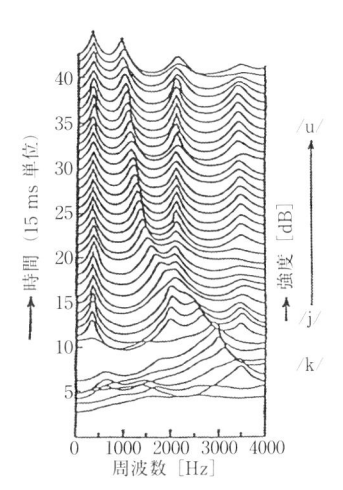

図2.9 ホルマルトの時間的変化の例（数字音9/kju/の場合）

b. 音声の生成モデル

人間の音声生成機構は図2.10のように,「音源の生成」,「発話器官による調音」,「舌からの放射」の3段階の構成をしている.

音源の生成には, 声帯の振動による呼気流の断続で生じる有声音源と, 調音点付近で発生する呼気の乱流で生じる無声音源の2種類がある. 有声音源はパルス列で近似され, その振幅と周期が特性を示す. 無声音源は白色ランダム雑音で近似され, その平均エネルギーが特性を示す.

器官による調音作用は, 共振特性のみのもの（全極形）と, 共振・反共振の両特性を示すもの（極零形）がある. 前者は母音を発音する際のもので, 後者は子音を発音する際のものである. 子音の特殊なものとして, 鼻から空気がぬけてい

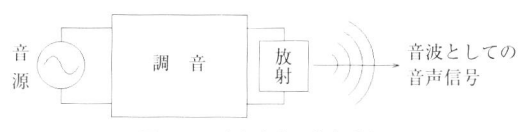

図2.10 音声生成の基本過程

(a) 母音形

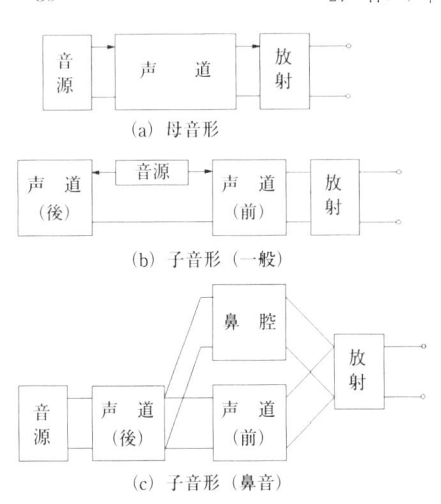

(b) 子音形（一般）

(c) 子音形（鼻音）

図 2.11 音声生成機構の分類

るような音（鼻音）もあり，これも含めて音声生成機構には図 2.11 のような 3 通りのモデルがある．これは，ある共振・反共振特性をもつ電気回路で近似でき，その特性は回路のインパルス応答または偏相関係数で表すことができる．

また唇からの放射は，音響管のわずかな伸縮と，6 dB/oct の高域強調特性で近似できることが知られている．

以上のことから図 2.10 で示した人間の音声生成モデルは，電気回路的表現により，図 2.12 に示すような線形分離等価回路モデルに置き換えて考えることができる．このように音源と調音系の分離という概念を導入した情報圧縮符号化法を生成源符号化という．このモデル化により，音声信号においては高能率な情報圧縮が可能になった．

c．音声の分析・合成

音声波形の情報を圧縮する符号化の中で，前項で述べた音声生成モデルに基づいて，音声を音源の情報と調音の情報に分離（分析）して符号化を行うものを生

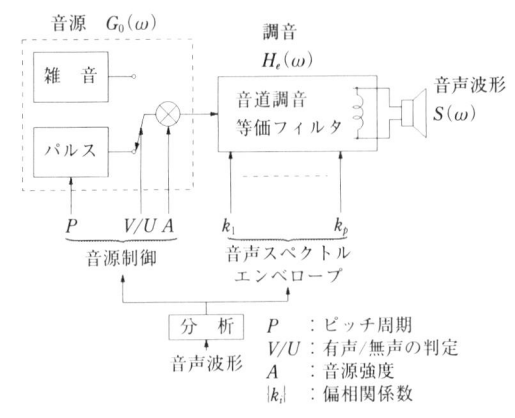

P：ピッチ周期
V/U：有声/無声の判定
A：音源強度
$|k_i|$：偏相関係数

図 2.12 音声生成モデルの構成

成源符号化という．この方式では，音声特有の生成機構モデルを利用するため，音声波形に対しては非常に有効で，他の符号化よりもさらに能率的な情報圧縮が実現される．ここでは生成源符号化の基本型である「線形予測分析法」と，その改良型で「偏相関分析法」について述べる．

1) 線形予測分析法（LPC）

音声信号波形のサンプル値間には，大きな相関のあることはすでに説明した．その信号特性をさらに一般化して，音声のサンプル値間に，次のような線形予測性があると仮定する．

$$x_t = \hat{x}_t + \varepsilon_t = \sum_{i=1}^{p} a_i x_{t-i} + \varepsilon_t \tag{2.46}$$

すなわち，図 2.13 のように現時点 t でのサンプル値は，それより以前の p 点のサンプル値の線形荷重和

$$\hat{x}_t = \sum_{i=1}^{p} a_i x_{t-i} \tag{2.47}$$

で近似され，この予測誤差を

$$\varepsilon_t = x_t - \hat{x}_t = \sum_{i=0}^{p} a_i x_{t-i} \tag{2.48}$$

とする．このとき予測誤差を最小にするような，線形荷重和の係数（線形予測係数；LPC 係数）を求めることを線形予測分析という．

このように，音声信号波形のサンプル値間に線形予測性があると仮定すること

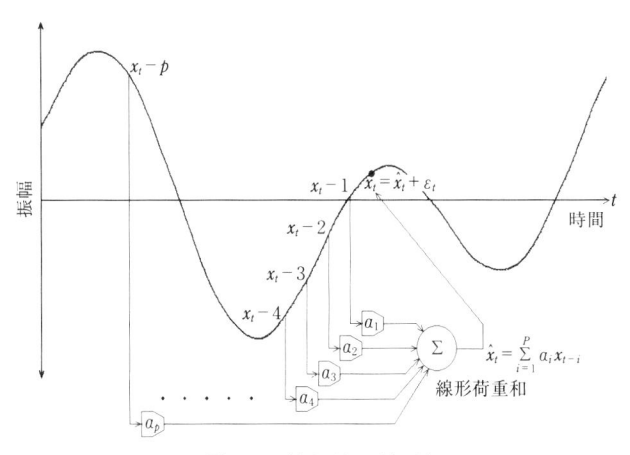

図 2.13　線形予測の説明図

は，式(2.46)の両辺の Z 変換をとって考えると

$$X(z) = \frac{1}{1 - \sum_{i=1}^{p} a_i z^{-i}} E(z) = H(z) \cdot E(z) \qquad (2.49)$$

$$H(z) = \frac{1}{A(z)}, \qquad A(z) = 1 - \sum_{i=1}^{p} a_i z^{-i} \qquad (2.50)$$

となり，予測誤差を入力したシステム $H(z)$ の出力が音声波形であることを示しており，さらに式(2.50)からわかるように $H(z)$ は全極形であることを意味している．全極形システムの周波数特性は，共振回路の縦続接続で表現され，これは前項で述べた音声の生成モデル（特に母音形）そのものである．

つまり音声波形のサンプル値間に式(2.46)で示すような線形予測性があると仮定することは，音声波形の生成モデルとして全極形，すなわち母音形モデルを想定することと等価なのである．この全極形モデルは前項でも述べたように，子音を含む音声波形一般の生成モデルとして，近似としては十分に実用的なものである．

このことは，音声信号処理の線形予測分析・合成の理論的根拠をなすものである．言い換えると線形予測理論が音声処理に有効であるのは，計算法や処理の容易さによるものではなく，仮定の背後にある分析対象のモデルが音声生成モデルのよい近似になっているからであり，逆にその欠点や限界もすべてこの事実によるものであるといえる．

次に具体的な解法について述べる．まずモデルを簡略化するために，前提条件として次のことを仮定する．

(1) モデルへの入力は，独立したパルスか，または白色ランダム雑音である（音源の簡略化）．

(2) モデルは線形予測の過程で自己回帰過程形であり，システム関数は全極形である（調音システムの簡略化）．

(3) 分析する信号は，分析区間（音声の場合 10～30 ms）では定常的であり，線形予測係数は変化しない（処理音声の簡略化）．

以上のことをふまえて，実際の解法について述べる．

最適な線形予測係数とは，分析区間内で，予測誤差の 2 乗平均値を最小にするものである．予測誤差の 2 乗平均値は次のようになる．

$$\overline{\varepsilon_t^2} = \overline{(x_t - \hat{x}_t)^2} = \overline{(\sum_{i=0}^{p} a_i x_{t-i})^2} \qquad (2.51)$$

ここで，$a_0=1$, $a_i=-a_i$, $i=1\cdots,p$. この両辺を予測係数で偏微分すると，次のようになる．

$$\overline{\frac{\partial \varepsilon_t{}^2}{\partial a_j}} = \overline{2(\sum_{i=0}^{p} a_i x_{t-i}) x_{t-j}} = 2\overline{\sum_{i=0}^{p} a_i x_{t-i} \cdot x_{t-j}}$$
$$= 2\sum_{i=0}^{p} a_i v_{i-j} \tag{2.52}$$

ここで，$v_{i-j}=\overline{x_{t-j} \cdot x_{t-i}}$，これは $\{x_t\}$ の相関関数である．この p 個の式をそれぞれ 0 とおいた連立 p 元方程式は，次のようになる

$$\begin{vmatrix} v_0 & v_1 & \cdots & v_{P-1} \\ v_1 & v_0 & \cdots & v_{P-2} \\ v_2 & v_1 & v_0 & \cdots & v_{P-3} \\ \cdot & & & & \cdot \\ \cdot & & & & \cdot \\ \cdot & & & & \cdot \\ v_{p-1} & v_{p-2} & \cdots & v_0 \end{vmatrix} \begin{vmatrix} a_1 \\ a_2 \\ \cdot \\ \cdot \\ \cdot \\ \cdot \\ a_P \end{vmatrix} = \begin{vmatrix} v_1 \\ v_2 \\ \cdot \\ \cdot \\ \cdot \\ \cdot \\ v_p \end{vmatrix} \tag{2.53}$$

この行列式を満足するような，線形予測係数を求めてやればよいことになる．具体的な解法としては，図2.14 に示すようなアルゴリズムで考えてやればよい．

また，この線形予測分析・合成は，ハード的にはそれぞれ図2.15のようになる．それほど複雑な処理を必要としない，優れた処理であるといえる．以下に線形予測分析の長所と短所をあげておく．

(長所)
(1) 音声生成機構の全極形モデル化が大変よい近似になっている．
(2) 従来のホルマルトや声道形状あるいはスペクトルやケプストラムによる分析とも対応づけができる．
(3) 分析処理がアルゴリズムとして明確で，しきい値による選択や収束演算などを含んでおらず，ディジタル処理に適している．

(短所)
(1) 線形予測係数を低ビットで伝送する場合，量子化誤差によるスペクトル歪みが大きく，音質劣化が著しい．
(2) さらに悪条件下では合成回路が発振を起こしてしまう．
(3) 線形予測係数が分析次数の関数である．

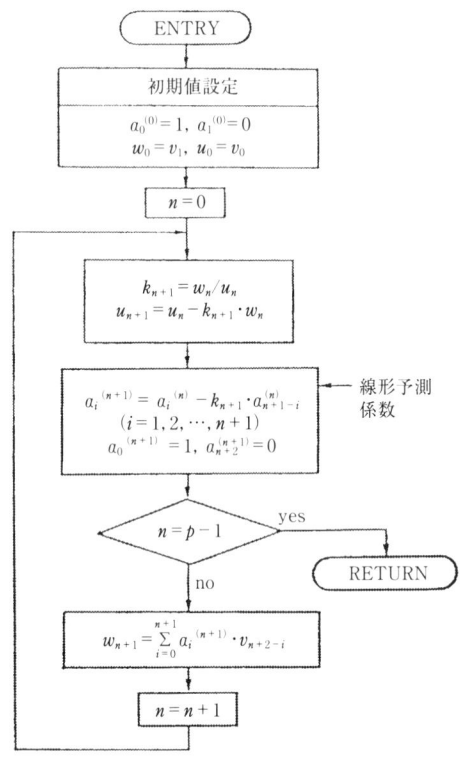

```
                    ENTRY
                      │
                      ▼
              ┌──────────────┐
              │   初期値設定    │
              ├──────────────┤
              │ $a_0^{(0)}=1,\ a_1^{(0)}=0$ │
              │ $w_0=v_1,\ u_0=v_0$ │
              └──────────────┘
                      │
                      ▼
                  ┌───────┐
                  │ $n=0$ │
                  └───────┘
                      │
      ┌───────────────┤
      │               ▼
      │       ┌──────────────────┐
      │       │ $k_{n+1}=w_n/u_n$ │
      │       │ $u_{n+1}=u_n-k_{n+1}\cdot w_n$ │
      │       └──────────────────┘
      │               │
      │               ▼
      │   ┌──────────────────────────┐
      │   │ $a_i^{(n+1)}=a_i^{(n)}-k_{n+1}\cdot a_{n+1-i}^{(n)}$ │ ←  線形予測
      │   │ $(i=1,2,\cdots,n+1)$      │      係数
      │   │ $a_0^{(n+1)}=1,\ a_{n+2}^{(n+1)}=0$ │
      │   └──────────────────────────┘
      │               │
      │               ▼
      │           ◇ $n=p-1$ ◇ ──yes──→ RETURN
      │               │ no
      │               ▼
      │   ┌──────────────────────────┐
      │   │ $w_{n+1}=\sum_{i=0}^{n+1} a_i^{(n+1)}\cdot v_{n+2-i}$ │
      │   └──────────────────────────┘
      │               │
      │               ▼
      │         ┌──────────┐
      │         │ $n=n+1$  │
      │         └──────────┘
      └───────────────┘
```

図 2.14　線形予測係数の計算法

2) 偏相関分析法（PARCOR）

信号波形の統計的特性を表す尺度に自己相関関数があり，このサンプル値表現である相関係数は次のように定義される．

$$r_i = \frac{1}{N}\sum_{n}^{N} x_n x_{n+1} \tag{2.54}$$

前述の通り，音声波形には線形予測性がある．予測可能な部分は情報をもたないと考えられるので，音声波形に関しては自己相関関数よりも，もっと能率的な相関の表現形式がありうることになる．これが「偏相関」で，図 2.16 に示すように，予測可能な部分を差し引いた予測残差間の相関として，次式で定義される．

$$k_{n+1} = \frac{e_{f,t}\cdot e_{b,t-(n+1)}}{[e_{f,t}^2]^{1/2}\cdot [e_{b,t-(n+1)}^2]^{1/2}} \tag{2.55}$$

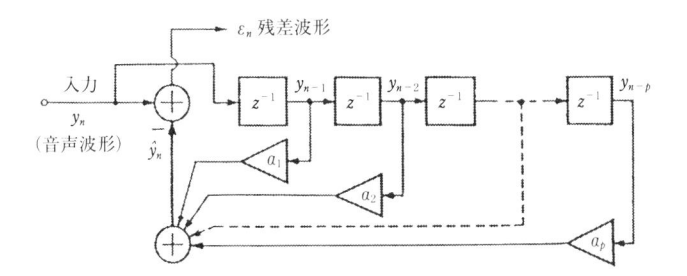

(a) 線形予測分析（残差生成）回路

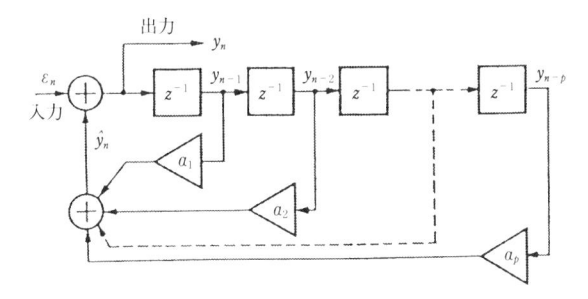

(b) 線形予測合成回路

図 2.15　線形予測分析・合成回路

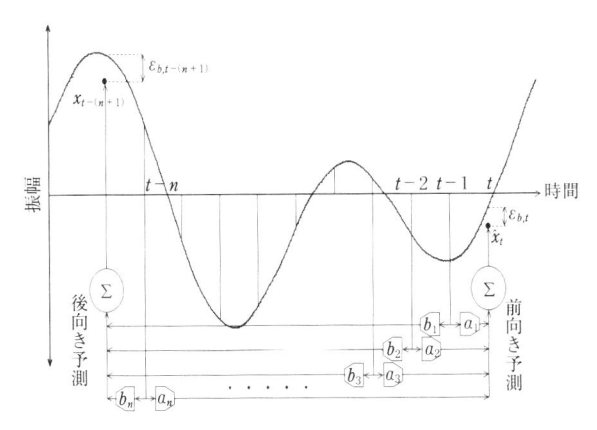

図 2.16　偏自己相関の説明図

ここで，$e_{f,t}$ は前向き予測残差，$e_{b,t}$ は後向き予測残差であり，それぞれ次式で定義される．

$$e_{f,t} = x_t - \hat{x}_t = x_t + \sum_{i=1}^{n} a_i x_{t-i} = \sum_{i=0}^{n} a_i x_{t-i} \qquad (2.56)$$

$$a_0 \equiv 1, \quad b_{n+1} \equiv 1$$

$$e_{b,t-(n+1)} = x_{t-(n+1)} - \hat{x}_{t-(n+1)}$$

$$= x_{t-(n+1)} + \sum_{j=1}^{n} b_j x_{t-j} = \sum_{j=1}^{n+1} b_j x_{t-j} \qquad (2.57)$$

ここでの各係数（前向き予測係数，後向き予測係数）は，線形予測係数と同様に，各予測残差を最小にするものとして求めることができる．

次に，前向き予測残差の2乗平均は

$$u_n = \overline{(x_t - \hat{x}_t)^2} = \overline{\left(\sum_{i=0}^{n} a_i x_{t-i}\right)^2} = \sum_{i=0}^{n} a_i v_i \qquad (2.58)$$

前向き予測残差と後向き予測残差の相関は

$$w_n = \overline{\left(\sum_{i=0}^{n} a_i x_{t-i}\right) \cdot \left(\sum_{j=1}^{n+1} b_j x_{t-j}\right)} = \sum_{i=0}^{n} a_i v_{n+1-i} \qquad (2.59)$$

であるから，この式(2.58)と(2.59)の2式をまとめて行列式で表すと

$$\begin{vmatrix} v_0 & v_1 & \cdots & v_n & v_{n+1} \\ v_1 & v_0 & \cdots & v_{n-1} & v_n \\ \cdot & & & & \cdot \\ \cdot & & \cdot & & \cdot \\ \cdot & & & & \cdot \\ v_n & v_{n-1} & \cdots & v_0 & v_1 \\ v_{n-1} & v_n & \cdots & v_1 & v_0 \end{vmatrix} \begin{vmatrix} 1 \\ a_1 \\ \cdot \\ \cdot \\ \cdot \\ a_n \\ 0 \end{vmatrix} = \begin{vmatrix} u_n \\ 0 \\ \cdot \\ \cdot \\ \cdot \\ 0 \\ w_n \end{vmatrix} \qquad (2.60)$$

上下を逆にして，左辺係数行列の対称性を使えば

$$\begin{vmatrix} v_0 & v_1 & \cdots & v_n & v_{n+1} \\ v_1 & v_0 & \cdots & v_{n-1} & v_n \\ \cdot & \cdot & & & \cdot \\ \cdot & & \cdot & & \cdot \\ \cdot & & & & \cdot \\ v_n & v_{n-1} & \cdots & v_0 & v_1 \\ v_{n-1} & v_n & \cdots & v_1 & v_0 \end{vmatrix} \begin{vmatrix} 0 \\ a_n \\ a_{n-1} \\ \cdot \\ \cdot \\ a_1 \\ 1 \end{vmatrix} = \begin{vmatrix} w_n \\ 0 \\ 0 \\ \cdot \\ \cdot \\ 0 \\ u_n \end{vmatrix} \qquad (2.61)$$

この行列式に適当な定数 K を乗じて式(2.60)から引くと

$$\begin{vmatrix} v_0 & v_1 & \cdots & v_n & v_{n+1} \\ v_1 & v_0 & \cdots & v_{n-1} & v_n \\ \cdot & \cdot & & & \cdot \\ \cdot & & \cdot & & \cdot \\ \cdot & & & & \cdot \\ v_n & v_{n-1} & \cdots & v_0 & v_1 \\ v_{n-1} & v_n & \cdots & v_1 & v_0 \end{vmatrix} \begin{vmatrix} 1-0 \\ a_1 - k_{n+1} a_n \\ \cdot \\ \cdot \\ \cdot \\ a_n - k_{n+1} a_1 \\ 0 - k_{n+1} \end{vmatrix} = \begin{vmatrix} u_n - k_{n+1} W_n \\ 0 \\ \cdot \\ \cdot \\ \cdot \\ 0 \\ w_n - k_{n+1} u_n \end{vmatrix} \qquad (2.62)$$

2.2 音声符号化

この式(2.62)と(2.60)を比較して

$$w_n - k_{n+1} \cdot u_n = 0 \quad \text{すなわち} \quad k_{n+1} = w_n/u_n \tag{2.63}$$

とすれば，式(2.62)は(2.60)を n から $n+1$ に拡張したものとなっており，その中の線形予測の部分だけを取り出すと

$$\begin{vmatrix} v_0 & v_1 & \cdots & v_n \\ v_1 & v_0 & \cdots & v_{n-1} \\ \cdot & \cdot & & \cdot \\ \cdot & \cdot & & \cdot \\ \cdot & \cdot & & \cdot \\ v_n & v_{n-1} & \cdots & v_0 \end{vmatrix} \begin{vmatrix} a_1 \\ a_2 \\ \cdot \\ \cdot \\ \cdot \\ a_{n+1} \end{vmatrix} = \begin{vmatrix} v_1 \\ v_2 \\ \cdot \\ \cdot \\ \cdot \\ v_{n+1} \end{vmatrix} \tag{2.64}$$

となり，

$$u_{n+1} = u_n - k_{n+1} W_n = u_n - k_{n+1} k_{n+1} u_n$$
$$= u_n(1 - k_{n+1}^2)$$
$$a_{n+1}^{(n+1)} = -k_{n+1} \tag{2.65}$$

という漸化式が得られる．

さらに信号が定常的であるから，後向き予測残差についても同様に計算される．このことから式(2.63)は(2.55)で定義したものと同等であり，式(2.63)が偏自己相関係数の計算法を示していることになる．

これをまとめて流れ図で書くと図2.17のようになる．これはDurbin-Levinson-Itakura法と呼ばれ，線形予測係数および偏自己相関係数を求める手順として広く使われている．

実際の分析では，入力音声波形のサンプル値が，準定常と考えられる程度の短区間（20〜30 ms）の分析ブロックに区切って分析を行う．また，結果の連続性が保たれるように，分析ブロック区間を一部重複

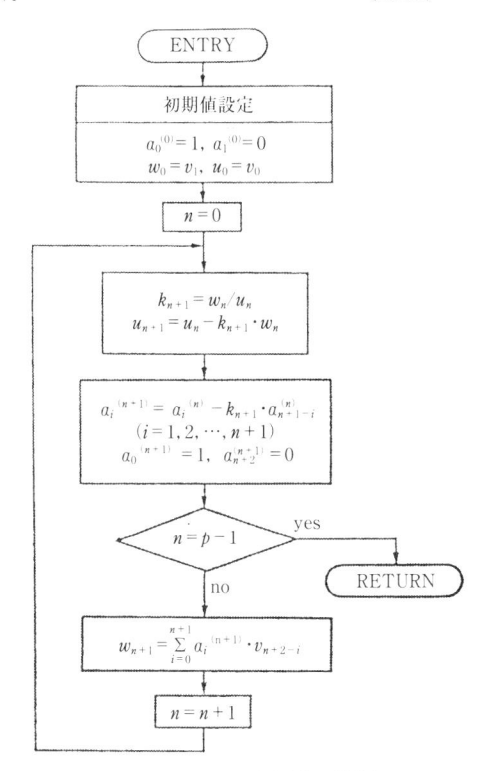

図 2.17 偏自己相関係数の計算法

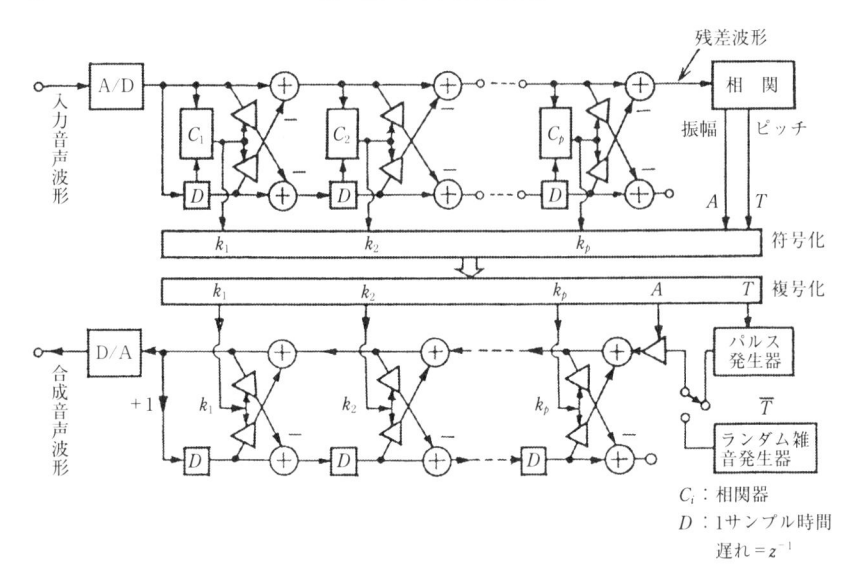

図 2.18 偏自己相関分析・合成系構成図

(約 10 ms) させて分析するとよい．

また，偏自己相関分析・合成は，ハード的には図 2.18 のような構成で具体化される．この偏自己相関分析の長所と短所をいくつかあげておく．

(長所)
(1) 不均一ビット配分，非線形変換，存在域の限定などによって，音質の劣化を少なくし，低ビット化を可能にした．
(2) 線形予測係数合成は発振の可能性があったが，偏自己相関係数回路では安定性が理論的に証明されている．
(3) 線形予測係数は分析次数の関数であったが，偏相関係数は分析次数の関数ではない．

(短所)
(1) 偏相関係数は，時間領域の複合パラメータであって，低フレームレートにおける線形内挿の適合性がわるく，音質の劣化が著しい．
(2) スペクトル包絡との対応が間接的である．
(3) スペクトル感度の差が大きい．

d. 音声の高能率符号化

ここでは，ディジタル化された音声波形の情報を圧縮して符号化し，伝送・記憶を行う方式の中で，最も基本となる波形符号化として「線形PCM」と「ベクトル量子化」について説明する．

1) 波形符号化の基礎

アナログ信号を，情報を失うことのないようにディジタルな信号系列に変換することを A/D 変換という．A/D 変換を行うためには，標本化（サンプリング）と量子化を行わなければならない．

標本化とは，時間的に連続なアナログ波形を，時間的に離散的なサンプル値系列に変換することをいい，情報を失うことなく標本化するには，シャノン（Shannon）の標本化定理に従って標本化しなければならない．定理では，「ディジタル化する信号波形が，W Hz 以下に帯域制限されている場合，$2W$ Hz 以上のサンプリング周波数で標本化せねばならない」とされている．例えば 7.5 kHz の周波数帯を想定するなら，15 kHz 以上で標本化すればよい．

量子化とは，時間的に離散化された標本値を振幅的にも離散化することをいい，四捨五入（整数化）に類似するもので，それによる歪み（量子化歪み）が伴う．量子化による信号対雑音比 R_0 は式(2.66)のように計算される．この S/N 比が，目的とする処理に許容できる値となるようビット数 B を決定する．通常の電話音声の場合 8〜10 bit で量子化すればよい．

$$R_0]_{\mathrm{dB}} = 10\log_{10}\frac{信号電力}{量子化雑音電力} = 10\log_{10}\frac{x_{\mathrm{rms}}^2}{\varDelta L^2/12}$$

ピーク係数を 12 dB として

$$= 10\log_{10}\left\{\left[\frac{2^B \varDelta L}{8}\right]^2 \frac{12}{\varDelta L^2}\right\} = 10\log_{10}\left[2^{2B}\cdot\frac{3}{16}\right]$$

$$\fallingdotseq 6.02B - 7.27\,[\mathrm{dB}] \tag{2.66}$$

線形 PCM (Pulse Code Modulation；パルス符号化) 方式とは，アナログ音声信号波形をまず，標本化定理に従ってサンプリングして時間的に離散化し，次にそのサンプル値そのものを量子化して離散化するもので，最も基本的な符号化である．この方式では，音声信号の特性をなんら利用していないので，かなりの情報量が必要になる．例えば，8 kHz で標本化し 8 bit で量子化した場合，単純に計算して 64 kbps (8 kHz*8 bit) もの情報が必要になってしまう．

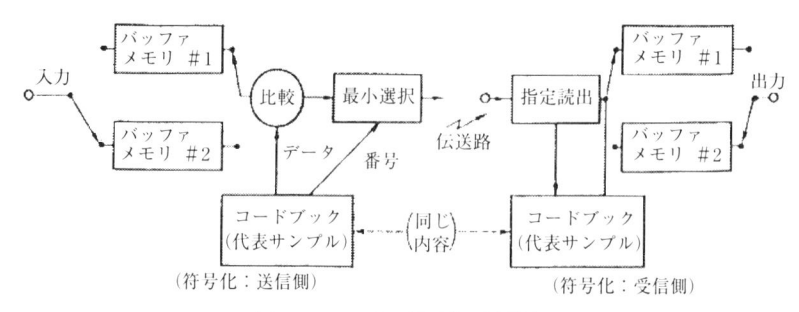

図2.19 ベクトル量子化の原理図

2) ベクトル量子化

N 個の相続くサンプル値のまとまりは，N 個の成分をもった N 次元空間の1点と考えることができる．あらかじめこの N 次元空間に M 個の代表ベクトルを配列しておき，ベクトル間の距離を定義し，入力ベクトルをその差が最小の代表ベクトルで代表させ，その代表ベクトルの番号に変換する符号化を，ベクトル量子化という．またこの際，送・受両側で共通にもっている代表ベクトルの順序づけ配列をコードブックという．ベクトル量子化の原理図を図2.19に示す．

1ブロック当たり N 個の入力サンプル値を各 B bit で伝送する場合，入力ベクトルの情報量は $N \cdot B$ bit/ブロック，また総数 M 個のコードブック中の代表ベクトルを指定するには，$\log_2 M$ bit/ベクトル必要であるから，ベクトル量子化により情報圧縮をするには，次式を満たすことが必要であるといえる．

$$N \cdot B > \log_2 M \rightarrow M \leq 2^{NB} \qquad (2.67)$$

本来，ベクトル量子化は音声波形の符号化に適用され，波形のサンプル値のまとまりを1つのベクトルと考えて処理を行うが，音声を分析して得られるパラメータ列やスペクトルなどをベクトルとみなして，ベクトル量子化を適用する符号化もある．最近の音声認識（例：HMM）や音声分析・合成系（例：PARCOR）においては，時間的に離散化した入力を用いるものが多く，ベクトル量子化による離散化は，これらの処理系への前処理として有効であると考えられる．ベクトル量子化を効率よく実現するための，主な問題点は次の3点に集約される．

(1) ベクトル間の類似度の定義と計算法
(2) 最適な代表ベクトルの選び方

(3) コードブックの効率的な探索法

e. 音声符号化の実用例

音声符号化の最も身近な実用例として携帯電話があげられる．携帯電話では，音声情報信号を 9.6 kbps 程度の情報に圧縮することで，約 6 倍の通話回線を確保している．例えば cdma One（北米 IS-95）型の携帯電話では，CELP というハイブリッド式の音声符号化が適用されている．この符号化では，c 項で述べた分析・合成符号化をベースに，d 項で説明した波形次元符号化により音質改善を行っている．生成源符号化では高能率な圧縮を実現できるが，音質の点で不十分な部分もあるため，残差成分（原音声との差）を波形次元符号化で補正（ハイブリッド化）することで高音質を確保している．また PHS では d 項で述べた波形次元の符号化のうち，前後の音声信号（振幅）値との差分をとる PCM 方式を適用しており，約半分（32 kbps）の情報量に圧縮している．ほかにも留守番電話や IC 録音器などの録音機器においても，音声符号化が適用されている．いずれにせよ音声情報を主に伝送する電話回線では，さまざまな音声符号化が幅広く適用されている．

またメモリやプロセッサの低価格化と汎用化に伴い，音声合成器への適用も急速に普及している．例えば家電製品や自動車などが発声する警告メッセージや，玩具や医療機器などさまざまな製品に組み込まれるようになった．

2.3 文-音声変換

文-音声変換（Text-To-Speech conversion；TTS，テキスト音声合成とも呼ばれる）は，人間が朗読するように文を読み上げることを目的にしている．記事校正の際や視覚障害者のための読み上げに使用されたほか，近年は PC，CTI（Computer Telephony Integration）システム，カーナビゲーションシステムなどにソフトウェアが搭載され，電子メール読み上げ，情報案内などに利用されている．

図 2.20 に文-音声変換システムの処理の流れを示す．処理は大きく，テキスト解析（text analysis）部と音声規則合成（synthesis by rule）部の 2 つに分けられる．テキスト解析部は，形態素解析，発音記号列・韻律制御情報生成からな

り，日本語の漢字かな混じり文を発音記号列（音韻記号列）と韻律制御情報（イントネーション，ポーズ位置）に置き換える．規則合成部はこれらの情報をもとに，合成単位を接続しながら音韻パラメータと韻律パラメータを生成し，合成器を駆動して音声を出力する．以下に処理の内容を説明する．

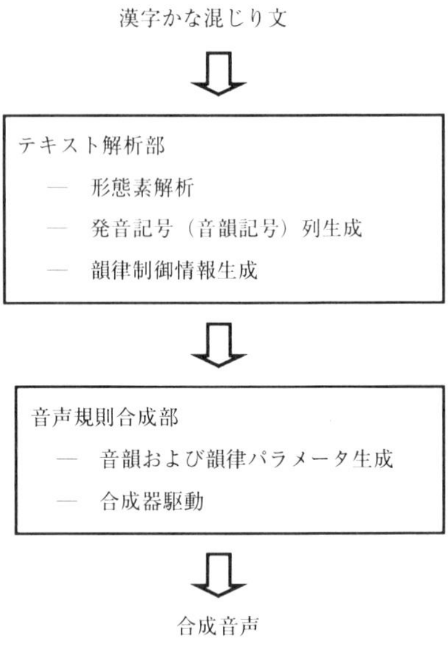

漢字かな混じり文
⇩
テキスト解析部
　── 形態素解析
　── 発音記号（音韻記号）列生成
　── 韻律制御情報生成
⇩
音声規則合成部
　── 音韻および韻律パラメータ生成
　── 合成器駆動
⇩
合成音声

図 2.20　文-音声変換システムの処理の流れ

a． 形態素解析

形態素解析の目的は，単語辞書と接続規則を用いて入力文を単語単位に分割することである．すなわち，入力文と単語辞書を照合して得られるすべての単語系列候補を求め（総当たり法），その中から接続規則を参照して文法的に前後に接続可能な組合せを出力する．接続規則としては，最長の文節を優先する最長一致法や，文全体で文節数の最も少ないものを優先する文節数最小法などが適用される[1]．単語辞書には，見出し語，読み，品詞，アクセント型などが登録されており，分割された単語はひらがなの読みに変換される．

一方，単語辞書に存在しない語句（未知語）は，その語句の前後の情報と単漢字辞書の見出し語，および頻度情報を利用して漢字の読みを決定する．

b． 発音記号列・韻律制御情報生成

形態素解析により単語単位に分割された語句は，次に発音記号列およびアクセント型などの韻律制御情報からなる音声記号列に変換される．このうち，発音記号列への変換に伴う処理は以下のようである．
(1) 読みの変形：長音化（情報（ジョウホウ→ジョーホー），および助詞"へ→え"，"は→わ"を処理する．
(2) 鼻音化，無声化：ガ行の鼻濁音および母音の無声化は，音韻環境から決定される．無声化は原則として無声子音に挟まれた/i/, /u/で起こるが，

アクセントがある場合は無声化しない．また，連続しては無声化しない（七福神（シチフクジン））．

(3) 単語の結合：分割された単語を品詞とその接続規則を用いて結合し，さらにアクセント型を決定する．連濁（後続の語頭の清音（カ，タ，サ，ハ行音）が濁音化する現象）に関する処理（胃＋薬→イグスリ），序数詞に関する処理（促音化，濁音化；69→ロッキュー，八冊→ハッサツ，三本→サンボン）がここに含まれる．なお，行った（イッタ，オコナッタ）や市場（シジョウ，イチバ）などの同形異音語は，規則以外に共起関係の情報を利用する必要がある．

次に，韻律情報の付与に関する処理は以下のように行われる．音声中の韻律は，文の話調を形成するイントネーション成分とアクセント成分の2つの成分に分離できる．

単語ごとのアクセント成分はアクセント型によって決まる．アクセント型は大きく，平板型（0型；最初の拍を低く，第2拍以降をすべて高く発声する．「卵焼き」など），頭高型（1型；第1拍だけを高く，第2拍以降をすべて低く発声する．「新年」など），および中高型（n型〔$n≧2$〕；第2拍から第n拍までを高く発声する．第1拍と第$n+1$拍以降はすべて低く発音する．「コンピュータ」など）に分類される．単語辞書には表記，読みとともにこうしたアクセント型が登録されている[2,3]．一方，文中では単語が連鎖することにより，アクセントの移動・生成・消滅が起こる．こうした現象には一定の規則がみられ，アクセント結合規則と呼ばれる[4]．自立語と付属語が結合する場合を例にとると，「走る」＋「と」では「走ると」のアクセント位置は元の「走る」と変わらないが，「ます」と接続すると「走ります」とアクセント位置が移動するなどである．このほか，自立語同士の結合（「音声合成」など（後続語の第1音節にアクセント位置が移動）），接辞との結合（「千葉県」など（先行語の最終音節に移動））などにも規則を見いだすことができる．しかし，以上の規則は種々の条件によって変更を受け，例外も少なくない．

このほか，ポーズ（間）を適切に挿入することも自然な韻律生成には大切である．ポーズ挿入は音節の数と品詞から，あるいは隣接した文節間といった局所的な依存関係から決定される．また，ポーズの長さは句読点や文節間の接続規則を用いて決定される[5]．これまで説明したテキスト解析処理の例を図2.21に示す．

```
原　文
    今日は天気が良いので公園へ行って本を読みます．
形態素解析
    キョ̂ウ／ハ／テ̂ンキ／ガ／ヨ̂イ／ノデ／コウエン／ヘ／
    イッ／テ／ホ̂ン／ヲ／ヨ̂ミ／マス
音声記号列生成
    キョ̂ーワ．／テ̂ンキ〈ガ〉／ヨ̂イノデ．／
    コーエンエイッテ．／ホンヲ／ヨ̂ミマ（ス）／／
 ̂：アクセント位置　　　／：アクセント句の区切り
．：ポーズ位置　　〈　〉：鼻濁音　　（　）：無声化音
```

図 2.21　文-音声変換におけるテキスト解析処理の例

c． 音韻および韻律パラメータ生成

合成音の音質は，後に述べる合成器のほか，合成単位とその接続方法によっても大きく変わる．合成単位には音韻（子音（C（consonant）：k, s, t, …）および母音（V（vowel）：a, i, u, e, o））, 単音節（CV：か [ka] など，CjV：きゃ [kja] など），VCV（aka, ika, …）型音節などが使用されるが，近年は後述するように，合成単位を自動的に生成する方法が用いられることも多い．一般的には合成単位が複雑なほど前後の文脈情報を保持するため，接続時の補間特性が優れ音質もよい．一方，合成単位が単純なほどメモリ容量が少なくてすみ，また声質を変えるなどの要求に対しても柔軟に対応しやすい．

音韻パラメータの生成では，まず音声記号列中の音韻（列）に対応するパラメータを音声素片（ホルマント合成では音韻ごとのパラメータ，波形合成では素片波形）の格納部から取り出し，音韻継続時間長（以後，音韻長と呼ぶ）を計算した後，素片を接続する．接続の際は，補間結合規則に基づいてなめらかに接続しながら音韻パラメータを生成する．なお音韻長は，文中のアクセントのまとまり（アクセントフレーズ）ごとに素片の種類，素片の順序，素片の数に基づいて決定される．

韻律は文の話調を形成するイントネーション成分とアクセント成分の2つから構成される．通常文のイントネーション成分は，息継ぎが生じてから次の息継ぎが生じるまでの基本周波数すなわちピッチ（pitch）が徐々に降下する成分に相当する．一方，アクセント成分は先に述べた文中の単語のアクセント型によって決まる．以上のイントネーション成分とアクセント成分とを対数軸上で加算した

ものが韻律パラメータとなる．対数軸上で加算するのは人間の聴感覚に合わせるためである．

d．合　成　器

音声合成器は，人間の発声過程の観察から音源生成部と声道模擬部に分ける方式が長らく研究された．この方式では音源に有声音源と無声音源を用意し，前者をインパルス列で，後者を白色雑音で近似する．また，声道模擬部については，ホルマントすなわち声帯から唇までの声道の共鳴パラメータ（周波数と帯域幅）を使うホルマント合成方式と，声道の伝達関数を音声スペクトル包絡で近似する分析合成方式の2つが実用化された．一方，近年は高品質の合成音声を得やすい波形合成方式が多く使用されるようになっている．この方式は，生の音声から採録した波形素片（1ピッチ周期の波形）を重ねて合成音を得る（Pitch Synchronous Overlap and Add；PSOLA方式[6]）．

ホルマント合成方式[7]で高品質音声を生成しようとすると，声道模擬部のパラメータが増え，これらの調整作業が困難になる．そこで声道模擬部を直接，音声から抽出したパラメータで置き換えられるなら，高品質音声を簡単に合成することができることになる．分析合成方式はこのような考えから生まれた．この方式では通常，音声素片（音声セグメント）を切り出し，この音声セグメントを線形接続することによって任意の音声を合成する．セグメントの単位は，音韻，音節，VCV，あるいはこれらの混合が使用される．また近年は，合成単位を大量の音声データから自動的に生成する方法が多く研究されている．COC（Context Oriented Clustering）法は，合成単位を統計的な手法の1つであるクラスタリングから得る[8]．この方法は，最初に音韻ラベルが付されたデータベースを用意し，同じ音韻記号をもつ音声セグメントを集めて初期クラスタをつくる．次に，クラスタ内の音声セグメントを先行，後続音韻環境別にサブクラスタとして分け，すべてのサブクラスタ内で級内分散をスペクトル間距離に基づき計算する．最後にサブクラスタの中で級内分散が最小となるものを登録する．この操作をすべてのクラスタに対して（級内分散が一定の値以下になるまで）続け，最終的に得られたクラスタの中心に位置する音声セグメントを合成単位とする．図2.22はクラスタが分割された結果，得られた木構造を示している．図では，初期クラスタ $w_1([a])$ が，先行音韻 $[b]$ に続く $w_{11}([^b a])$ と音韻 $[b]$ 以外の先行音韻に続く $w_{12}([\tilde{^b} a])$ の2つに分割された後，さらに後続音韻 $[s]$ をもつクラスタ

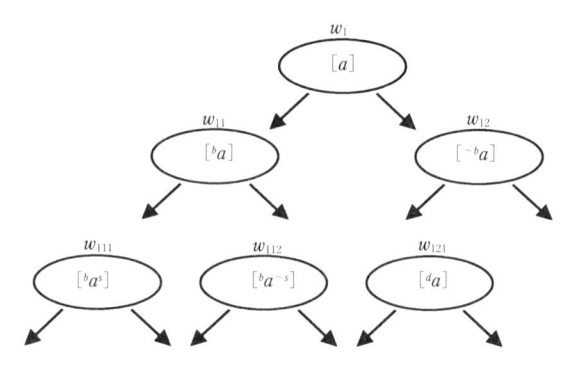

図2.22 音声セグメントクラスタ分割による合成単位の取得

$w_{111}([^ba^s])$ などに分割されていく様子がみてとれる．この方式は，音韻変形を代表する合成単位を自動的に取ることができるため，なめらかな音声合成が可能になる．

声道模擬部の伝達関数を実現する方法は，これまでにさまざまな方式が提案されてきた．音声圧縮に広く利用された LPC 方式あるいは PARCOR 方式は，音声合成でも盛んに利用された[9]．しかし，この方式は，セグメントを接続する際に歪みを生じるため，近年では周波数領域のパラメータを使用した LSP（Line Spectrum Pair）方式[10] やケプストラム（cepstrum）領域のパラメータを使用したケプストラム合成方式[11] が使われることが多い．

PARCOR 方式は，先に説明したように縦続接続した格子型フィルタに音声を入力し，各フィルタの中で図 2.23 に示す k パラメータ（$k_1, k_2, \cdots, k_p$）を抽出する．この分析過程をみると，声道を音響管とみて一方の側から音声を入力し，途中，断面積の異なる管の接続部で生じる反射損失（k パラメータは反射係数に対応）を引き去りながら計算を進めていると理解できる．図の上側が進行波，下側が後退波に相当し，格子はおのおのの反射波を表す．図から次の漸化式が成立することがわかる．

$$A_m(z) = A_{m-1}(z) - k_m B_{m-1}(z)$$
$$B_m(z) = z^{-1}[B_{m-1}(z) - k_m A_{m-1}(z)]$$
$$A_0(z) = 1, \quad B_0(z) = z^{-1} \tag{2.68}$$

PARCOR 方式は音響管中を音波が進行する進行波モデルに相当する．合成フィルタは，ここで抽出した k パラメータを格子形フィルタに与えることで実現さ

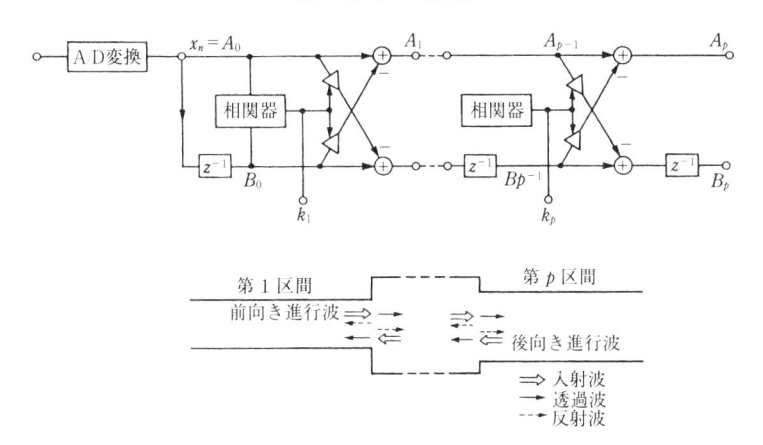

図 2.23 格子形フィルタと音響管

れる.音響管モデルにはこのほか共振モデルがあり,一般により少ないパラメータで表現できる.LSP 方式では,p 個の音響管を接続した端 k_{p+1} に次の境界条件を付加することで共振モデルを得る.

完全開放　$k_{p+1}=1$
完全閉鎖　$k_{p+1}=-1$ (2.69)

2 つの境界条件に対応する p 個目の格子形フィルタ(音響管)の $A_p(z)$ をそれぞれ $P(z)$, $Q(z)$ とおくと

$$P(z)=A_p(z)-B_p(z)$$
$$Q(z)=A_p(z)+B_p(z) \quad (2.70)$$

となる.また式(2.68)で $B_p(z)$ と $A_p(z)(=1+a_1z^{-1}+a_2z^{-2}+\cdots+a_pz^{-p})$ の関係は

$$B_p(z)=z^{-(p+1)}A_p(z^{-1})$$
$$=z^{-(p+1)}+a_1z^{-p}+a_2z^{-p+1}+\cdots+a_pz^{-1} \quad (2.71)$$

と導かれる.$P(z)$ と $Q(z)$ は最終的に次の因数分解の形式で与えられる.

$$P(z)=(1-z^{-1})\prod_{i=2,4,\cdots,p}(1-2z^{-1}\cos\omega_i+z^{-2})$$
$$Q(z)=(1-z^{-1})\prod_{i=1,3,\cdots,p-1}(1-2z^{-1}\cos\omega_i+z^{-2}) \quad (2.72)$$

ここで,$\omega_i=2\pi f_i$ は 2 つの境界条件から決まる共振角周波数として,偶数番と奇数番のものが交互に決まる.対をなす共振(角)周波数 f_i と g_i が接近して求

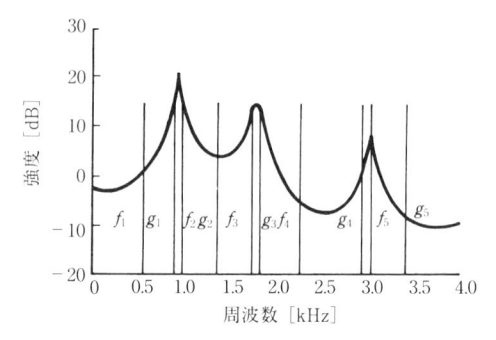

図 2.24 LSP パラメータ

まると鋭い共振峰となり，離れていると緩やかな共振峰となるため，音声のスペクトル包絡を少ないパラメータで表現することができる（図 2.24 参照）．なお，上式は p を偶数と仮定したが，奇数のときにも同様に求められる．

合成フィルタを実現する際には，声道模擬部の伝達関数は

$$H(z) = 1/A_p(z) \tag{2.73}$$

なので，$A_p(z)-1$ をフィードバックループに入れればよい．また，$A_p(z) = [P(z)+Q(z)]/2$ であるから，図 2.25 に信号の流れ図を示すように，i の偶数・奇数に対応して $p/2$ 段からなる上下一対のフィルタ回路を構成することになる．図中のフィルタ係数は

$$c_i = -2\cos\omega_i, \quad i = 1, 2, \cdots, p \tag{2.74}$$

で与えられる．

一方，1 ピッチ相当分の波形を重畳し合成する波形合成方式は，人間の音声波形を直接接続するため，他の方式に比べて合成素片の種類を多く必要とするものの，近年，大容量メモリが安価になったことから使用されるようになった．この

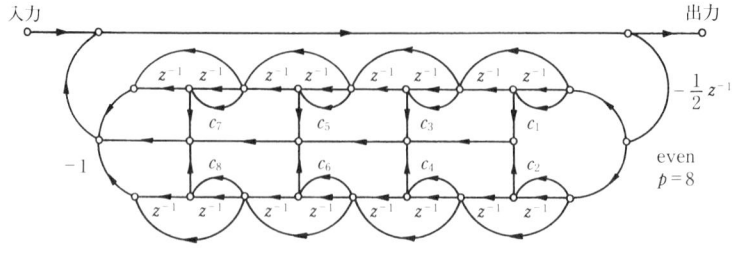

図 2.25 LSP 合成フィルタ

方式で声の高さを変えるには，まず低い声すなわちピッチ間隔を広げる場合は波形素片間にゼロ点を埋める．また，ピッチ間隔を狭くし高い声を得るには，図 2.26 に示すように波形素片を重ね合わせる[12]．波形合成方式は素片自体に音質劣化の要因が少ないため，もっぱら接続時の歪みが問題になる．また，声の表情をつけるなどの対応がむずかしいという難点があるが，文章の読み上げなどに限定すれば，比較的容易に高音質の音声を合成できるため，近年，多く利用されるようになった．このほか，音声符号化で成功したハイブ

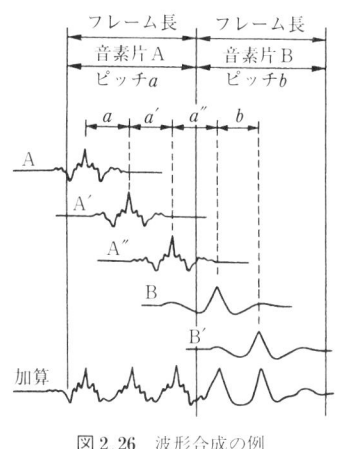

図 2.26 波形合成の例

リッド符号化方式（CELP）と同じように，声道模擬部を LPC パラメータで構成するとともに，音源生成部にインパルス列の代わりに，音声波を声道の逆フィルタに通して得られる残差波形を使用して，音質を向上させる方法も実用化されている[13]．

2.4 音声認識

　本節で解説する音声認識は，パターン認識と呼ばれる技術の1つとして位置づけられる．われわれが音声や画像で記号情報を伝える場合，直接情報の受け手に伝わるのは，例えば音声の場合，音圧の時間変化としての1次元信号であり，文字の場合2次元に配置されたピクセルごとの濃淡値である．これらの音や画像は，送信する記号に応じて典型的なパターンをもつ．このような情報をパターン情報と呼ぶ．パターン認識とは，この受け取ったパターン情報から，送信元でどの記号を送ったかを推定する問題である．これは通信における復号化の問題にほかならないが，通常の問題と異なり，複合化のプロセスが明確に定義できないという特徴をもつ．

　パターン認識は，パターン情報を，比較的少数のベクトル，あるいはベクトル列に変換したうえで，それらが定義された空間上のどこに位置するか，あるいはどのような軌跡をもつかを調べることによって実行される．ここで，このベクト

ルを特徴ベクトルと呼ぶ．パターン情報から特徴ベクトルあるいは特徴ベクトル列を求める処理を特徴抽出と呼ぶ．認識対象とするパターンの性質が，特徴ベクトルで表現される問題を静的パターン認識と呼び，特徴が時間変化をすることによって，パターンの性質が特徴ベクトル列で表現される問題を動的パターン認識と呼ぶ．音声認識は動的パターン認識の代表的な問題である．

本節では，以下，簡単に音声の特徴抽出手法について述べ，続いて，静的パターン認識の方法，動的なパターン認識の方法とその単語認識への応用，さらにはその拡張としての連続音声認識手法について解説する．

a． 音声の特徴抽出

音声の音韻的情報を運ぶ最小の単位を音素と呼ぶ．図 2.27(a),(b) に，音素 /a/，および /s/ の波形を示す．/a/ や /s/ のような定常的な音素の特徴抽出には，通常単純な周波数分析が用いられる．図 2.28 はそれぞれ図 2.27 に対応するデー

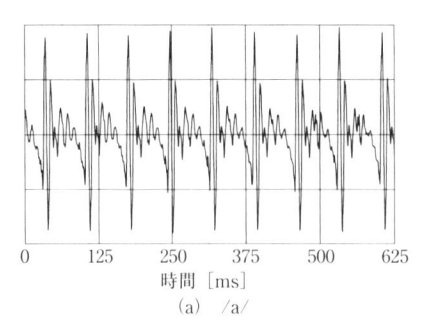

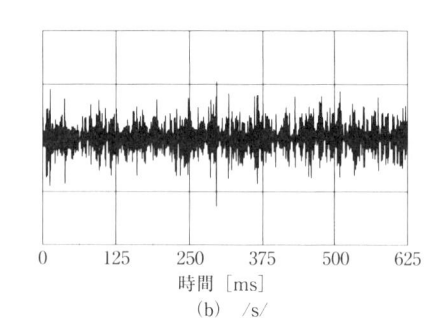

図 2.27 音声の波形

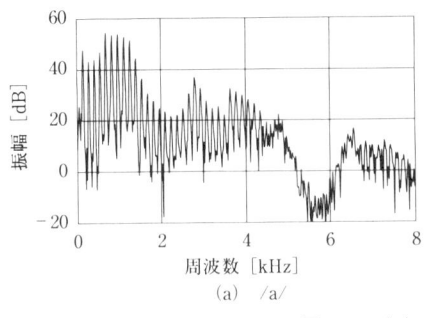

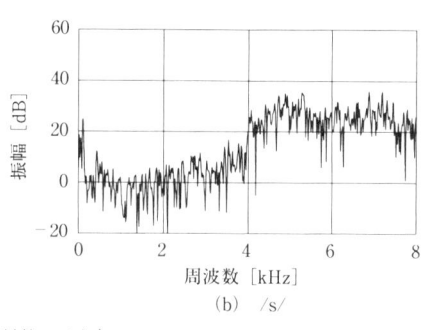

図 2.28 音声の対数スペクトル

(a) /a/　　　　　　　　　　　　　(b) /s/

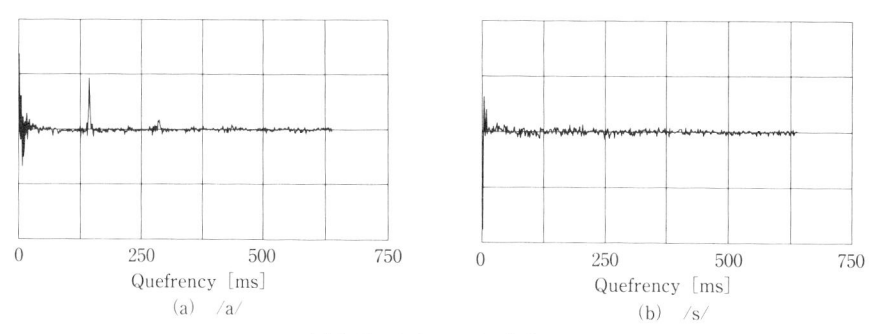

図 2.29　音声のケプストラム

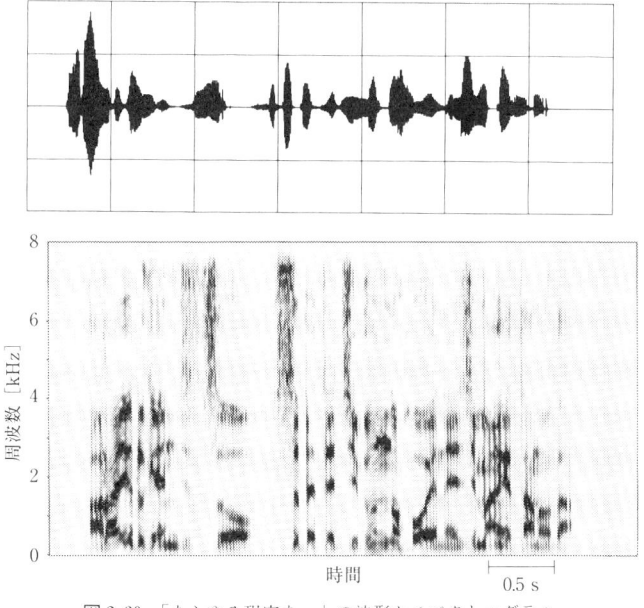

図 2.30　「あらゆる現実を…」の波形とスペクトログラム

タの対数パワースペクトルである．これらの図から，/a/は低周波成分を多く含む周期的な音であり，/s/は高周波成分を多く含む非周期的な音であることがわかる．音声における音韻的な情報は，この対数スペクトルの包絡によって決まるといわれている．図 2.29 は，ケプストラムと呼ばれる特徴ベクトルで，対数パワースペクトルの逆フーリエ変換として定義される．ケプストラムの単位はケフ

レンシである．定義から低ケフレンシ部は，対数スペクトルの包絡をよく表す特徴となっている．このため，音声認識の特徴ベクトルとしては，ケプストラム係数の低ケフレンシ部の十数パラメータが用いられることが多い．

実際の音声は，音素ではなく，単語や文を伝えるために用いられる．単語や文は，異なる音素の組合せによって構成されるから，当然音声の特徴は時間変化する．したがって音声を特徴抽出する場合，先の定常音の特徴抽出のように波形全体を周波数分析するのでは不十分で，短時間ごとの特徴の時間変化を表現する必要がある．このため，単語や文の音声を特徴抽出する場合には，20 ms から 30 ms を分析単位とした短時間スペクトル分析を，10 ms 程度時間をずらしながら繰り返し，特徴ベクトルの時系列を求める．この分析単位を分析フレームと呼ぶ．図 2.30 は文音声「あらゆる現実を全て自分の方へねじ曲げたのだ．」の波形と短時間対数スペクトルの時間変化を表したものである．図中の濃淡値が対応する時間における対応する周波数成分の大きさを表しており，黒いほど値が大きいことを示している．短時間対数スペクトルの時間変化をスペクトログラム呼ぶ．

b. 静的パターン認識
1) 最大事後確率復号

音声認識は動的パターン認識問題であるが，その基本となるのは静的なパターン認識である．このため，本項においては，まず静的なパターン認識の基本的な方法について述べる．

静的なパターン認識は，特徴ベクトル x をもとに，送信記号（カテゴリ）w_i を推定する問題である．現在最もよく用いられ，また成功を収めている考え方は，最大事後確率復号（maximum a posteriori probability decoding；MAP）である．この復号法では，

$$k = \arg \max_i \Pr(w_i|x) \tag{2.75}$$

となる k を求めたうえで，w_k が送信されたと判断する．

ここで，確率の計算が必要となるが，受け取る可能性ある x すべてを網羅して上式で表される条件つき確率をあらかじめ用意しておくことは現実的ではない．そこで，通常はベイズ（Bayes）の定理によって次の変形を行う．

2.4 音声認識

$$\Pr(w_i|x) = \frac{\Pr(x|w_i)\Pr(w_i)}{\Pr(x)} \tag{2.76}$$

$\Pr(x)$ がカテゴリ w_i に無関係であることを利用すれば，最大事後確率復号は次式によって行えることがわかる．

$$\arg\max_i \Pr(w_i|x) = \arg\max_i \Pr(x|w_i)\Pr(w_i) \tag{2.77}$$

$\Pr(x|w_i)$ はカテゴリ w_i に関する条件つきの x の生起確率である．カテゴリ w_i の数はたかだか有限個であるから，w_i ごとに標本を大量に集めれば，次項に述べる最尤推定法などを用いて確率分布関数を定めることができる．$\Pr(w_i)$ は w_i の生起する事前確率であり，あらかじめ与えられるものとする．

事前確率が与えられない場合は，これをカテゴリごとに等しいものとおいて，

$$k = \arg\max_i \Pr(x|w_i) \tag{2.78}$$

によって x のカテゴリを決める．この方法を最尤復号（maximum likelihood decoding）と呼ぶ．

2) パラメータの最尤推定

$\Pr(x|w_i)$ が与えられればパターン認識ができる．よって，$\Pr(x|w_i)$ をどのようにして求めるかが重要な問題となる．常套手段としては，w_i から x が生起する確率を，確率モデル $M^i = \{a^i_1, a^i_2, \cdots, a^i_N\}$（$a^i_j$ はモデルの性質を決めるパラメータ）で表現し，そのパラメータを大量の学習データを用いて推定する手法が用いられる．

まず，カテゴリ w_i のデータを大量に生成して，そのパターン $x_1, x_2, \cdots, x_N$ を収集する．このデータは学習データと呼ばれる．学習データからパラメータを推定する方法はさまざまなものがあるが，おのおのの学習データ x_j が，カテゴリ w_i の確率モデルから生起する確率が高くなるよう，モデルのパラメータ $\{a_{ik}\}$ を調整する方法が代表的である．この手法をパラメータの最尤推定と呼ぶ．

〈最尤推定の例：正規分布の場合〉

確率分布が正規分布で与えられる場合を例にとって最尤推定法を説明しよう．この場合，モデルパラメータは，

$$M = \{\mu, \sigma^2\}$$

の2つであり，確率モデルは，

と表現される．このとき，データ $x_1, x_2, \cdots, x_N$ が，この確率モデルに従って出力される確率は，

$$P = \prod_{j=1}^{N} \Pr(x_j | \mu, \sigma^2) \qquad (2.80)$$

となる．これの対数をとって，パラメータ μ, σ^2 で最大化することを考える．

$$\log P = \sum_{j=1}^{N} \log \Pr(x_j | \mu, \sigma^2)$$
$$= -\frac{N}{2} \log 2\pi - \frac{N}{2} \log \sigma^2 - \sum_{j=1}^{N} \frac{1}{2} \frac{(x_j - \mu)^2}{\sigma^2} \qquad (2.81)$$

ここで，$\log P$ を各パラメータで偏微分して 0 とおけば，

$$\frac{\partial \log P}{\partial \mu} = -\sum_{j=1}^{N} \frac{(x_j - \mu)}{\sigma^2} = 0 \qquad (2.82)$$

$$\mu = \frac{1}{N} \sum_{j=1}^{N} x_j \qquad (2.83)$$

$$\frac{\partial \log P}{\partial \sigma^2} = -\frac{N}{2\sigma^2} + \sum_{j=1}^{N} \frac{(x_j - \mu)^2}{2\sigma^4} = 0 \qquad (2.84)$$

$$\sigma^2 = \frac{1}{N} \sum_{j=1}^{N} (x_j - \mu)^2 \qquad (2.85)$$

として，尤度 $\log P$ を最大化するパラメータ $\{\mu, \sigma^2\}$ が求められる．

3) 完全データと不完全データ

上の例では，対数尤度をモデルパラメータで偏微分することでモデルパラメータを簡単に最尤推定することができた．しかし，このように単純な方法が適用できない場合が多く存在する．確率変数の振舞いが，観測できない別の確率変数によって支配される場合がそれにあたる．言い換えると，確率モデル M からどのような出力 x が生起するかが，同じ確率モデルから出力される観測できないデータ y によって影響を受ける場合である．ここで，事象を表すのに必要なすべての確率変数の対 (x, y) を完全データと呼び，観測できるデータ (x) を不完全データと呼ぶ．観測できないデータを隠れデータあるいは隠れパラメータと呼ぶこともある．

不完全データを含む確率モデルの例としては混合正規分布があげられる．

混合生起分布は，複数の正規分布 $N(x; \mu_k, \sigma_k^2)$ の重みつき和として与えられ

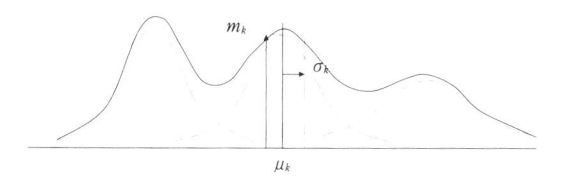

図 2.31 1次元混合正規分布

る．データ x がモデルから出力される確率は次式で表される．

$$\Pr(x|M) = \sum_k m_k N(x\,;\,\mu_k, \sigma_k^2) \tag{2.86}$$

混合数を K とすれば，モデル M のパラメータは $\{m_1, \mu_1, \sigma_1^2, m_2, \mu_2, \sigma_2^2, \cdots, m_k, \mu_k, \sigma_k^2, \cdots, m_K, \mu_K, \sigma_K^2\}$ の $3K$ 個となる．

ここで，Y を $1, 2, \cdots, k, \cdots, K$ の値をそれぞれ $m_1, m_2, \cdots, m_k, \cdots, m_K$ の確率でとる確率変数と考える．

$$\Pr(Y=k|M) = m_k \tag{2.87}$$

X は，$Y=k$ のとき，$N(x\,;\,\mu_k, \sigma_k^2)$ の正規分布に従って値を生起するものとする．

$$\Pr(x|Y=k, M) = N(x\,;\,\mu_k, \sigma_k^2) \tag{2.88}$$

このとき，混合正規分布は次のように表される．

$$\Pr(x|M) = \sum_k m_k N(x\,;\,\mu_k, \sigma_k^2)$$

$$= \sum_k \Pr(Y=k|M) \Pr(x|Y=k, M) \tag{2.89}$$

$$= \sum_k \Pr(x, Y=k|M) \tag{2.90}$$

このように考えるとき，混合正規分布は，(x, y) の対を出力する確率的事象のうち，パラメータ y が観測不可能なものとして捉えることができる．

4) EM アルゴリズム

モデル M の出力 x の振舞いを決めるのに観測できないデータ y が関係する枠組みにおいて，観測できるデータ x のみを用いて不完全データの尤度 $\Pr(x|M)$ を最大化するパラメータ M を求める問題を解く．確率変数 Y が $y_1, y_2, \cdots, y_j, \cdots$ の値をとるものとすれば，$\Pr(x|M)$ は，

$$\Pr(x|M) = \sum_j \Pr(Y=y_j|M) \Pr(x|Y=y_j, M) \tag{2.91}$$

$$= \sum_j \Pr(x, Y=y_j|M) \tag{2.92}$$

となる．以降 $Y=y_j$ を混同のない限りにおいて，単に y_j と記す．

この形の関数を最大化する M を直接求めることはむずかしい．しかしながら，Y の値を既知として完全データの尤度を求めることにすれば，式(2.92)の j での累和がはずれるため，この最大値を与える M は多くの場合容易に求めることができる．このため，不完全データの尤度の最大化問題を完全データの尤度の最大化問題に置き換えるための工夫を行う．

モデルパラメータを初期値 M から M' に変更するとき，尤度の増分を最大化することを考える．関数 $f(x, y)$ に対し，観測データ x とモデルの初期推定値 M に関する条件つきの，$f(x, y)$ の期待値を次式で定義する．

$$E[f(x, y)|x, M] = \sum_j f(x, y_j) \cdot \Pr(y_j|x, M) \tag{2.93}$$

このとき，x とモデルの初期推定値 M が与えられた条件における，更新されたモデルから観測データが得られることに関する対数尤度 $\log \Pr(x|M')$ の期待値は次式で表される．

$$E[\log \Pr(x|M')|x, M] \tag{2.94}$$

ここで，

$$\begin{aligned}
E[\log \Pr(x|M')|x, M] &= \sum_j \Pr(y_j|x, M) \log \Pr(x|M') \\
&= \log \Pr(x|M') \\
&= L(x, M') \tag{2.95}
\end{aligned}$$

であるから，求めた期待値は更新後のモデルパラメータが与える不完全データの対数尤度に等しいことがわかる．

また，式(2.95)は次のように変形できる．

$$\begin{aligned}
L(x, M') &= E[\log \Pr(x|M')|x, M] \\
&= \sum_j \Pr(y_j|x, M) \log \Pr(x|M') \\
&= \sum_j \Pr(y_j|x, M) \log \frac{\Pr(y_j|x, M') \Pr(x|M')}{\Pr(y_j|x, M')} \\
&= \sum_j \Pr(y_j|x, M) \log \frac{\Pr(x, y_j|M')}{\Pr(y_j|x, M')} \\
&= \sum_j \Pr(y_j|x, M) \log \Pr(x, y_j|M') \\
&\quad - \sum_j \Pr(y_j|x, M) \log \Pr(y_j|x, M') \tag{2.96}
\end{aligned}$$

ここで，

$$Q(M, M') = E[\log \Pr(x, y|M')|x, M]$$
$$= \sum_j \Pr(y_j|x, M)\log \Pr(x, y_j|M') \tag{2.97}$$
$$H(M, M') = E[\log \Pr(y|x, M')|x, M]$$
$$= \sum_j \Pr(y_j|x, M)\log \Pr(y_j|x, M') \tag{2.98}$$

とおくと次式が成立する．

$$L(x, M') = Q(M, M') - H(M, M') \tag{2.99}$$

$H(M, M')$ について，モデルパラメータを更新する前からの増分を調べると，

$$H(M, M') - H(M, M)$$
$$= \sum_j \Pr(y_j|x, M)\{\log \Pr(y_j|x, M') - \log \Pr(y_j|x, M)\}$$
$$= \sum_j \Pr(y_j|x, M)\log \frac{\Pr(y_j|x, M')}{\Pr(y_j|x, M)} \leq \sum_j \Pr(y_j|x, M)\left(\frac{\Pr(y_j|x, M')}{\Pr(y_j|x, M)} - 1\right)$$
$$= \sum_j (\Pr(y_j|x, M) - \Pr(y_j|x, M')) = 0 \tag{2.100}$$

となり，恒等的に次式が成立することがわかる．

$$H(M, M') \leq H(M, M) \quad (\text{等号は，} M = M' \text{のときに成立}) \tag{2.100'}$$

すなわち，H 関数は，モデルのパラメータ変化に対して単調減少関数である．

式(2.99)と(2.100')から，$Q(M, M')$ が増大するように，M' を更新すれば，$L(x, M')$ は必ず増大することがわかる．よって，$Q(M, M')$ を最大化する M' を求めて $Q(M, M')$ における M を M' で置き換え，また $Q(M, M')$ を最大化する M' を求める，という処理を繰り返せば，M' は $L(x, M')$ の極大値を与える M' に収束することがわかる．$Q(M, M')$ は EM アルゴリズムにおいて補助関数と呼ばれる．$Q(M, M')$ は，モデルパラメータ M' が与える完全データの尤度の期待値にあたる．すなわち，モデルパラメータ M' による不完全データ (x) の尤度の最大化の問題が，M' による完全データ (x, y) の尤度の期待値の最大化を繰り返す問題に置き換えられた．このような形でパラメータの最尤推定を行うアルゴリズムを，尤度の期待値を最大化するという意味で，EM(Expectation Maximization) アルゴリズムと呼ぶ．EM アルゴリズムの手続きの流れを図 2.32 に示す．

学習データが $x_1, x_2, \cdots, x_N$ と複数与えられる場合，補助関数 $Q(M, M')$ は，次式のようになる．

$$Q(M, M') = E[\log \Pr(x, y|M')|x, M]$$

> 1. 適切な初期モデル M を選ぶ．
> 2. 与えられた学習データ x を用いて，$Q(M, M')$ の最大値を与える M' を求める．
> 3. 収束していれば，M' を答えとして終了する．
> 4. $M = M'$ とおいて，2に戻る．

図 2.32 EM アルゴリズム

$$\begin{aligned}&= \sum_i \sum_j \Pr(y_j|x_i, M) \log \Pr(x_i, y_j|M') \\&= \sum_i \sum_j \frac{\Pr(y_j, x_i|M)}{\Pr(x_i|M)} \log \Pr(x_i, y_j|M')\end{aligned} \quad (2.101)$$

〈EM アルゴリズムによる最尤推定の例：混合正規分布のパラメータ推定〉

混合正規分布のパラメータ推定問題を EM アルゴリズムで解く．先に示したように，

$$\begin{aligned}\Pr(Y=k|M) &= m_k \\\Pr(x_i|Y=k, M) &= N(x_i\,;\mu_k, \sigma_k^2) \\\Pr(x_i|M) &= \sum_k m_k N(x_i\,;\mu_k, \sigma_k^2) \\&= \sum_k \Pr(Y=k|M) \Pr(x_i|Y=k, M) \\&= \sum_k \Pr(x_i, Y=k|M)\end{aligned}$$

である．このとき Q 関数は，

$$\begin{aligned}Q(M, M') &= E[\log \Pr(x, y|M')|x, M] \\&= \sum_i \sum_k \Pr(Y=k|x_i, M) \log \Pr(x_i, Y=k|M') \\&= \sum_i \sum_k a(k\,;x_i, M) \log m'_k N(x_i|\mu'_k, {\sigma'_k}^2) \\&= \sum_i \sum_k a(k\,;x_i, M) \left\{ \log m'_k - \frac{\log 2\pi}{2} - \frac{\log {\sigma'_k}^2}{2} - \frac{(x_i - \mu'_k)^2}{2{\sigma'_k}^2} \right\}\end{aligned}$$
$$(2.102)$$

と表される．ここで，

$$\begin{aligned}a(k\,;x_i, M) &= \Pr(Y=k|x_i, M) = \frac{\Pr(Y=k\,;x_i|M)}{\Pr(x_i|M)} \\&= \frac{\frac{m_k}{\sqrt{2\pi\sigma_k^2}} \exp\left(-\frac{1}{2} \frac{(x_i-\mu_k)^2}{2\sigma_k^2}\right)}{\sum_l \frac{m_l}{\sqrt{2\pi\sigma_l^2}} \exp\left(-\frac{1}{2} \frac{(x_i-\mu_l)^2}{2\sigma_l^2}\right)}\end{aligned} \quad (2.103)$$

新モデルのパラメータ μ_k, σ_k, m_k は以下のように求まる．

先端科学技術シリーズ

大越孝敬・大須賀節雄・軽部征夫・榊 裕之・
竹内 啓・村上陽一郎・柳田博明 編集
A5判

X1. 先端科学技術とは何か
大越孝敬編著
168頁　本体2400円
ISBN4-254-20798-0　　注文数　冊

X2. 先端科学技術と私 I
村上陽一郎編
176頁　本体2500円
ISBN4-254-20799-9　　注文数　冊

X3. 先端科学技術と私 II
村上陽一郎編
180頁　本体2500円
ISBN4-254-20800-6　　注文数　冊

B1. コヒーレント光量子工学
大津元一著
192頁　本体2900円
ISBN4-254-20801-4　　注文数　冊

B2. 光導波路解析
小柴正則著
192頁　本体3500円
ISBN4-254-20802-2　　注文数　冊

B3. 位相共役光学
左貝潤一著
224頁　本体3900円
ISBN4-254-20803-0　　注文数　冊

B4. 三次元画像工学
大越孝敬著
216頁　本体4300円
ISBN4-254-20804-9　　注文数　冊

B5. 低周波ノイズ ―1/fゆらぎとその測定法―
橋口住久著
160頁　本体3500円
ISBN4-254-20805-7　　注文数　冊

B6. 光ファイバ ―ファイバ形光デバイス―
森下克己著
192頁　本体4200円
ISBN4-254-20806-5　　注文数　冊

C1. バイオテクノロジー
軽部征夫・早出広司編著
200頁　本体4200円
ISBN4-254-20841-3　　注文数　冊

C2. バイオエレクトロニクス ―バイオセンサー・バイオチップ―
軽部征夫・民谷栄一著
168頁　本体4000円
ISBN4-254-20842-1　　注文数　冊

E1. 技術進展のアセスメント
森谷正規著
164頁　本体3500円
ISBN4-254-20881-2　　注文数　冊

E2. 研究教育システム
猪瀬 博・村上陽一郎著
208頁　本体3400円
ISBN4-254-20882-0　　注文数　冊

＊本体価格は消費税別です(2002年2月1日現在)

▶お申込みはお近くの書店へ◀

朝倉書店

162-8707 東京都新宿区新小川町6-29
営業部　直通(03)3260-7631　FAX(03)3260-0180
http://www.asakura.co.jp　eigyo@asakura.co.jp

科学技術入門シリーズ

基礎的項目を平易に解説し、セメスター制にも対応した教科書　A5判

1. 機械システム工学入門
竹園茂男・岩永弘之・成田吉弘・大槻敦巳・高木章二・
蒔田秀治・池尾　茂他著
190頁　〔近　刊〕
ISBN4-254-20501-5

機械系の学生には入門書，各種試験の復習用として，他学科の方には機械工学概論書として利用できるようまとめた。〔内容〕材料／固体力学／機械力学／機構学／制御工学／流体力学／流体機械／熱力学／熱機関／伝熱／機械設計／機械工作

2. 生産システム工学
小西正躬・清水良明・寺嶋一彦・北川秀夫・北川　孟・
石光俊介・三宅哲夫他著
176頁　本体2900円
ISBN4-254-20502-3

知的生産システムの基礎理論から実際までを平易に解説。〔内容〕生産システムの概念／生産計画と生産管理／制御とオートメーション／生産自動化のための基礎／メカトロニクス技術とロボットの基礎／知的計測と信号処理

3. 情報通信のための 電磁工学入門
宮崎保光・武富喜八郎・脇田紘一・長岐芳郎・
真鍋克也著
190頁　〔近　刊〕
ISBN4-254-20504-X

情報系のための電磁気学について解説した画期的な教科書。〔内容〕真空中における静電界／誘電体中における静電界／定常電流と電気回路／静磁界／電磁誘導とインダクタンス／変位電流と電磁方程式／IC回路と半導体／電磁波, 他

4. エコテクノロジー入門
笠倉忠夫・菊池　洋・平石　明・藤江幸一・
水野　彰・村上定瞭・田中三郎・成瀬一郎他著
152頁　本体2700円
ISBN4-254-20508-2

地球の再生を目的とする環境工学，エコロジー工学，生態工学を学ぶ学生を対象に，エコテクノロジーの理解を深められるようやさしく解説したテキスト。〔内容〕エコバイオテクノロジー／環境調和のテクノロジー／未来創造型循環社会

5. 社会科学の学び方
山口　誠・徳永澄憲・鯉江康正・藤原孝男・
宮田　護・渋澤博幸著
176頁　本体2600円
ISBN4-254-20509-0

社会科学を学ぶための基礎的な考え方が身につくよう平易に解説。付録に数学・統計学の基礎をまとめた。〔内容〕社会科学としての経済学／政策の基礎／経済学の基礎／都市・地域の経済学／経営学の基礎／環境問題と経済学／社会工学, 他

$$\mu'_k = \frac{\sum_i a(k;x_i,M)x_i}{\sum_i a(k;x_i,M)} \tag{2.104}$$

$$\sigma'^2_k = \frac{\sum_i a(k;x_i,M)(x_i-\mu'_k)^2}{\sum_i a(k;x_i,M)} \tag{2.105}$$

$$m'_k = \frac{\sum_i a(k;x_i,M)}{\sum_l \sum_i a(l;x_i,M)} = \frac{\sum_i a(k;x_i,M)}{K} \tag{2.106}$$

c．単語音声認識

本項では，前項で述べた静的なパターン認識の枠組みを動的なパターン認識の枠組みへと拡張する．時系列データの確率的振舞いを記述するモデルとしてはマルコフ（Markov）モデルが優れる．これを基礎として隠れマルコフモデルへ拡張し，その単語音声認識への応用について述べる．

1）マルコフモデル

時刻 t における出力 x_t がどのような値をとるかについての確率が，前 N 個の出力のみに依存して決まる時間離散の確率過程を N 重マルコフ連鎖と呼ぶ．

$$\Pr(x_t|x_{t-1},x_{t-2},\cdots,x_1) = \Pr(x_t|x_{t-1},x_{t-2},\cdots,x_{t-N}) \tag{2.107}$$

ここで，x_t は，離散的な記号であっても，連続値であっても，さらにはベクトルであってもよい．

次出力の生起確率を決めるための条件となる $x_{t-N}\ldots x_{t-2}x_{t-1}$ の列に，記号 s_{t-1} を与えると，

$$\begin{aligned}\Pr(x_t|x_{t-1},x_{t-2},\cdots,x_{t-N}) &= \Pr(x_t|s_{t-1}) \\ &= \Pr(x_t,x_{t-1},\cdots,x_{t-N+1}|x_{t-1},x_{t-2},\cdots,x_{t-N}) \\ &= \Pr(s_t|s_{t-1}) \end{aligned} \tag{2.108}$$

と表現できる．ここで，s_t を状態と呼ぶ．状態 s_t としてとりうる値が，$\{S_i\}$ で与えられるとき，この確率過程は，状態間の遷移確率 $\{a_{ij}\}$（$a_{ij}=\Pr(S_j|S_i)$）と，それぞれの状態における出力 $\{b_i\}$（b_i は状態 S_i における出力）とによって表現できる．この $\{a_{ij}\}\{b_i\}$ の組で表現する確率モデルをマルコフモデルと呼ぶ．

状態遷移確率と，各状態における出力がそれぞれ，表 2.1，表 2.2 で与えられるとき，このマルコフモデルを図 2.33 のように有向グラフ表現する．図の各ノードが状態を表し，アークは状態遷移を表す．アークに与えられた 0.7/a などの

表 2.1 状態遷移表

前状態＼次状態	S_1	S_2	S_3
S_1	0.7	0.2	0.1
S_2	0.2	0.5	0.3
S_3	0.4	0.1	0.5

表 2.2 状態-出力関係表

状態	出力
S_1	a
S_2	b
S_3	c

表現は，その遷移が生じる確率が 0.7 で，その遷移時に a が出力されることを表す．この図をシャノン（Shannon）線図と呼ぶ．

マルコフモデルは，現状態のみに依存して次状態が確率的に定まる状態遷移を繰り返しながら，現状態によって一意に定まる出力を行う確率過程のモデルということができる．

2) 隠れマルコフモデル

マルコフモデルは確率過程のモデルの基本であるが，実は複雑な出力時系列の振舞いを記述するのには向いていない．過去の出力の N 個組として状態を捉えるため，出力が変化に富む場合，考慮すべき状態の数は膨大なものとなってモデルは複雑極まりないものとなる．また，出力が雑音のある通信路を経て観測される場合も，過去の出力列と次出力の関係は非常に複雑になって，表現できなくなる．

そこで，マルコフモデルで状態ごとに一意に決まるとしていた出力を，状態に応じて確率的に決まるとすることによって，複雑な出力の振舞いを簡潔に表現することを可能にしたのが隠れマルコフモデル（Hidden Markov Model；HMM）である．HMM は，状態遷移確率 $\{a_{ij}\}$ と各状態での x の出力確率 $\{b_i(x)\}$ の組

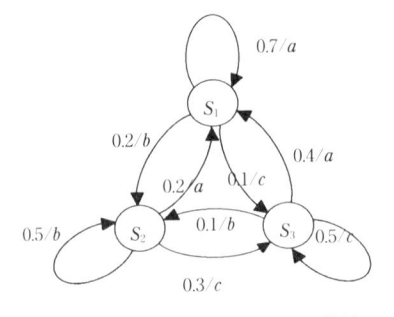

図 2.33 マルコフモデルのシャノン線図

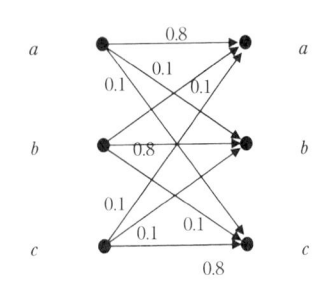

図 2.34 誤りのある通信路

図2.35 隠れマルコフモデル

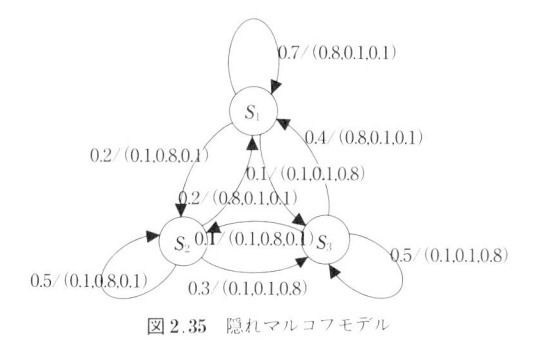

で記述される．HMMでは，状態と出力の関係を複雑化することで，状態遷移の複雑化を抑えることに成功している．

例えば，図2.33のマルコフモデルの出力が図2.34の雑音のある通信路を経て観測される場合，通常のマルコフモデルでは全体の系を表現することはできない．しかし，各状態遷移で複数の出力が許されるHMMでは，図2.35のように，この系を簡潔に表現できる．図中の各アークに与えられた0.7/(0.8, 0.1, 0.1)などの表現は，その遷移が生じる確率が0.7であって，その遷移時に記号a, b, cが出力する確率が，それぞれ0.8, 0.1, 0.1であることを表す．

HMMは，現状態のみに依存して次状態が確率的に定まる状態遷移を繰り返しながら，現状態によって確率的に定まる出力を行う確率過程のモデルと考えることができる．

3) 隠れマルコフモデルの分類

HMMは，出力分布によってさまざまに分類される．出力として離散的な記号を扱い，各状態における出力確率に離散分布を割り当てるものを離散分布形HMMあるいは単に離散HMMと呼ぶ．出力として連続量を扱い，各状態における出力確率に連続分布を割り当てるものを，連続分布形HMMあるいは連続HMMと呼ぶ．特に，連続HMMの中で，出力分布に混合正規分布を用いるものを混合正規分布形HMMと呼ぶ．

また，トポロジによってHMMは次のように分類される．既約（どの状態からどの状態へもいくことができる）で周期的でないHMMをエルゴディックHMMと呼ぶ．状態が線形な順序関係をもつHMMをleft-to-right HMMと呼ぶ．

4) 音響モデルとしての HMM

音声の音響的現象を表現するのに，多くの場合，left-to-right 型の HMM が用いられる．

音声は，短時間スペクトルの時系列として表現されることを a 項において述べた．このため，音声を HMM で扱う場合，音声の1分析フレームにおけるスペクトル（あるいはそれと同等の特徴量）を1時刻の出力 x に対応させ，1発話を構成するスペクトル列を，ベクトル列 $x_1 \cdots x_N$ に対応させることになる．

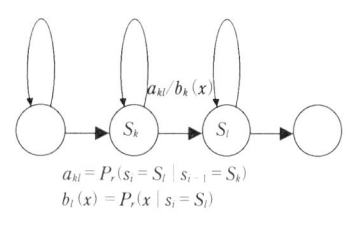

図 2.36　left-to-right 型の隠れマルコフモデル

$a_{kl} = P_r(s_i = S_l \mid s_{i-1} = S_k)$
$b_l(x) = P_r(x \mid s_i = S_l)$

ここで，ある単語を1つの left-to-right HMM に割り当てることを考える．単語1発話は，スペクトル空間上で1つの軌跡を描く．同じ単語を複数回発話すれば，似たような軌跡をスペクトル空間上に描く（図 2.37）．left-to-right HMM は，このときできる軌跡のバリエーションをいくつかの確率分布の連鎖によって表現する（図 2.38）．ここで1つの状態に停留している間は，その状態に対応する確率分布に従って出力が行われる．よって，音声を left-to-right HMM によって表現することは，音声を区分定常過程として扱うことを意味する．

5) HMM と単語認識

時系列パターン認識である音声の単語認識も，基本的には b 項で述べた静的なパターン認識と同じ考え方をとる．すなわち，識別対象となる単語カテゴリ w_i ごとに確率モデル M^i を与え，ある発話に対し観測データ x が得られたとき，

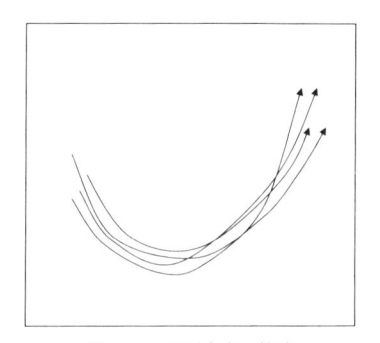

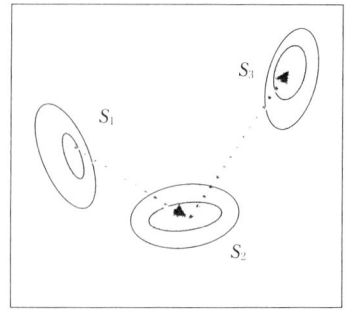

図 2.37　単語音声の軌跡　　図 2.38　HMM での軌跡のモデリング

その単語カテゴリを決める問題を，

$$\hat{w} = \arg\max_{w_i} \Pr(x|M^i)\Pr(w_i) \tag{2.109}$$

なる $\hat{w}$ 求めることで解く．静的なパターン認識と異なるのは，x が時系列 $x_1 x_2 \cdots x_T$ であることと，確率モデル M^i が HMM であることである．

HMM のモデルパラメータ M^i が与えられたとして，式(2.109)を解くためには，M^i から観測データ列 $\boldsymbol{x} = x_1 x_2 \cdots x_T$ が生起する確率を計算する手法を与えなければならない．

与えられた観測データ列を出力する状態列の1つの可能性を $\boldsymbol{s}^p = s_0^p s_1^p s_2^p \cdots s_T^p$ とすると，この状態列が $\boldsymbol{x}$ を与える確率は，

$$\Pr(\boldsymbol{x}|\boldsymbol{s}^p, M) = \prod_{t=1}^{T} b_{s_t^p}(x_t) \tag{2.110}$$

であって，状態列 $\boldsymbol{s}^p$ が生起する確率は，π_j を初期状態が j である確率とするとき（ここまで，個々の状態を S_j と表記してきたが，今後簡単のため，S を省いて単に j と表記する），

$$\Pr(\boldsymbol{s}^p|M) = \pi_{s_0^p} \prod_{t=1}^{T} a_{s_{t-1}^p s_t^p} \tag{2.111}$$

である．よって，HMM M^i が出力列 $\boldsymbol{x}$ を生起する確率は，式(2.110)，(2.111) の積をすべての可能性ある状態列 $\boldsymbol{s}^p$ について和をとることによって，

$$\Pr(\boldsymbol{x}|M) = \sum_p \Pr(\boldsymbol{x}, \boldsymbol{s}^p|M) = \sum_p \pi_{s_0^p} \prod_{t=1}^{T} a_{s_{t-1}^p s_t^p} b_{s_t^p}(x_t) \tag{2.112}$$

と求まる．

6) フォワードアルゴリズムとバックワードアルゴリズムによる HMM の確率計算

式(2.112)は，確率計算にあたって可能性のあるすべての状態遷移を網羅することを要求している．このため，この式はそのまま計算すると，計算量は莫大となる．この問題を回避するために，フォワードアルゴリズムと呼ばれる，式(2.112)の値を計算する，次のような効率のよい方式が提案されている．

フォワードアルゴリズムでは，$\alpha(t, j)$ を時刻 t までに $x_1 x_2 \cdots x_t$ を出力して状態 j に至る確率と定義する．$\alpha(t, j)$ は前向き確率と呼ばれる．このとき，

$$\alpha(t, j) = \begin{cases} \pi_j & t = 0 \\ \sum_k \alpha(t-1, k) a_{kj} b_j(x_t) & t \geq 1 \end{cases} \tag{2.113}$$

と書ける．よって，$\alpha(t, k)$ は，$t=0$ から順に T まで漸化的に求めることができる．F を最終状態として許される状態の集合とするとき，与えられたモデルから $x_1 x_2 \cdots x_T$ が出力する確率は，$\alpha(T, k)$ を用いて，

$$\Pr(x_1, \cdots, x_T) = \sum_{k \in F} \alpha(T, k) \tag{2.114}$$

として求めることができる．

また同様に，次のようにしてバックワードアルゴリズムを定義できる．

$\beta(t, j)$ を時刻 t の状態が j であって，以後 $x_{t+1} \cdots x_T$ を出力して最終状態に至る確率とする．$\beta(t, j)$ は，後向き確率と呼ばれる．$\beta(t, j)$ は，$t=T$ のとき，

$$\beta(T, j) = \begin{cases} 1 & j \in F \\ 0 & j \notin F \end{cases} \tag{2.115}$$

であり，$t < T$ については，

$$\beta(t, j) = \sum_k a_{jk} b_k(x_{t+1}) \beta(t+1, k) \tag{2.116}$$

と書ける．よって，$\beta(t, j)$ は $t=T$ から順に $T-1, T-2, \cdots$ と漸化的に求めることができる．求める $\Pr(x_1, x_2, \cdots, x_T)$ は，

$$\Pr(x_1, \cdots, x_T) = \sum_k \beta(0, k) \tag{2.117}$$

として求まる．

実際，α, β の値は，定義に従って計算していくと非常に小さい値となる．このため，時刻ごとに定数を乗じるなどして，桁落ちを防ぐための工夫をする必要が生じる．

7） ビタビアルゴリズムによる HMM の確率計算

フォワードアルゴリズムが，可能な状態遷移すべてを考慮したうえで，与えられた観測データ列が出力される確率を求めるのに対し，与えられた観測データ列を出力する状態遷移のうち最も可能性の高いものだけを考慮するアルゴリズムをビタビアルゴリズムと呼ぶ．

$\alpha(t, j)$ を，時刻 t までに $x_1 x_2 \cdots x_t$ を出力して状態 j に至る単一の状態列が与える最大確率とするとき，

$$\alpha(t, j) = \begin{cases} \pi_j & t=0 \\ \max_k \alpha(t-1, k) a_{kj} b_j(x_t) & t \geq 1 \end{cases} \tag{2.118}$$

と表される．よって，求める単一状態列が与える $x_1 x_2 \cdots x_T$ の最大出力確率は，

$a(T,k)$ を，$t=0$ から順に T まで求めることによって得た $a(T,k)$ を用いて，
$$\Pr(x_1, \cdots, x_T) = \max_{k \in F} a(T,k) \tag{2.119}$$
と表される．また，各時刻，各状態において最大値を与えた前時刻における状態へのポインタを，
$$ptr(t,j) = \arg\max_{k} a(t-1,k) a_{kj} b_j(x_t) \tag{2.120}$$
として蓄えることにすれば，最大値を与える状態列 $\hat{s}(0)\hat{s}(1)\cdots\hat{s}(t)\cdots\hat{s}(T)$ は，
$$\hat{s}(t) = \begin{cases} \arg\max_{k \in F} a(T,k) & t = T \\ ptr(t+1, \hat{s}(t+1)) & t < T \end{cases} \tag{2.121}$$
に従って，$t=T$ から $T-1, T-2$ と $t=0$ まで順に求めることができる．以上のアルゴリズムを擬似コーディングによってまとめたものを図2.39に示す．

同様のアルゴリズムは対数尤度に対しても定義できる．対数を用いればフォワードアルゴリズムでは問題となった桁落ちについて対応する必要がなくなる．このことは，ビタビアルゴリズムの1つの利点である．

```
for all j    a(0,j) = π_j ;
for t = 1 to T {
    a(t,j) = max_k a(t-1,k) a_kj b_j(x_t) ;
    ptr(t,j) = arg max_k a(t-1,k) a_kj b_j(x_t) ;
}
Pr(x_1, ⋯, x_T) = max_{k∈F} a(T,k) ;
ŝ(T) = arg max_{k∈F} a(T,k) ;
for t = T-1 to 0    ŝ(t) = ptr(t+1, ŝ(t+1)) ;
```

図 2.39　ビタビアルゴリズム

8) ビームサーチ

ビームサーチは，ビタビアルゴリズムと同じく，単一経路で最も出力確率を大きくする経路とそのときの出力確率の値を求めるものである．ビタビアルゴリズムでは，a を求めるために，すべての状態の組合せをつくして計算を行ったのに対し，ビームサーチでは，最終的に最適経路として選ばれる可能性の少ない状態の組合せを無視する枝刈りと呼ばれる操作が行われる．具体的には，時刻ごとに $a(t,j)$ の値が上位にある状態のみを記録し，次時刻においては，この状態に続くことができる状態に対してのみスコアの計算を行う．この実装を容易にするた

```
for all (t, k)    α(t, k) = 最大値;
for all k    α(0, k) = π_k;
α(0, k) の上位を与える状態を C(0) に登録;
for t = 0 to T-1{
  for j∈C(t)
    for all k
      α(t+1, k) = max(α(t+1, k), α(t, j)a_{jk}b_k(x_{t+1}));
  α(t+1, k) の上位を与える状態を C(t+1) に登録;
}
Pr(x_1, …, x_T) = max(α(T, k));
```

図 2.40　ビームサーチアルゴリズム

め，ビタビアルゴリズムが，状態ごとにその状態へ枝を伸ばしている状態からの遷移に対しスコアを計算しその最大値を保存したのに対し，ビームサーチでは，状態ごとにその状態から枝が伸びている状態への遷移に対するスコアを計算するのが一般的である．このとき，$α(t+1, k)$ を計算するたびに，それまで求められた $α(t+1, k)$ との比較が行われ，新たに求まった値の方が大きければ $α$ は更新され，そうでなければその値は捨てられることになる．ビームサーチのアルゴリズムを図 2.40 に示す．

9) HMM のパラメータ学習

本項では，学習データから HMM のパラメータを求める方法を述べる．

HMM では，観測データ列 x が与えられても，それを与えた状態列 s を確定することができない．状態列 s は，観測データ列 x の生起に関与するから，この問題は，b 項に述べた不完全データによるパラメータの推定問題となっていることがわかる．よって，HMM のパラメータ推定は EM アルゴリズムによって行うのが一般的である．

すでに述べたように，EM アルゴリズムの Q 関数は次式で表される．

$$Q(M, M') = E[\log \Pr(x, s|M')|x, M] \qquad (2.122)$$

ここで，この問題の場合，

$$\log \Pr(x, s|M') = \log \pi_{s_0} \prod_{t=1}^{T} a_{s_{t-1}s_t} b_{s_t}(x_t)$$

$$= \log \pi_{s_0} + \sum_{t=1}^{T} \log_{s_{t-1}s_t} + \sum_{t=1}^{T} \log b_{s_t}(x_t) \qquad (2.123)$$

であるから，HMM のパラメータ推定における Q 関数は次式となる．

$$Q(M, M') = E[\log \Pr(\boldsymbol{x}, \boldsymbol{s}|M')|\boldsymbol{x}, M]$$

$$= E\left[\log \pi'_{s_0} + \sum_{t=1}^{T}\log a'_{s_{t-1}s_t} + \sum_{t=1}^{T}\log b'_{s_t}(x_t)\Big|\boldsymbol{x}, M\right]$$

$$= E[\log \pi'_{s_0}|\boldsymbol{x}, M] + E\left[\sum_{t=1}^{T}\log a'_{s_{t-1}s_t}\Big|\boldsymbol{x}, M\right]$$

$$+ E\left[\sum_{t=1}^{T}\log b'_{s_t}(x_t)\Big|\boldsymbol{x}, M\right] \quad (2.124)$$

ここで，第2項は状態遷移パラメータだけで決まる関数であり，第3項は出力分布を与えるパラメータだけで決まる関数である．これらをそれぞれ $Q_a(M, \{a'_{ij}\})$, $Q_b(M, \{b'_j\})$ とおくと，

$$Q_a(M, \{a'_{ij}\}) = E\left[\sum_{t=1}^{T}\log a'_{s_{t-1}s_t}\Big|\boldsymbol{x}, M\right]$$

$$= \sum_i \sum_j \sum_{t=1}^{T} \Pr(s_{t-1}=i, s_t=j|\boldsymbol{x}, M)\log a'_{ij} \quad (2.125)$$

$$Q_b(M, \{b'_j\}) = E\left[\sum_{t=1}^{T}\log b'_{s_t}(x_t)\Big|\boldsymbol{x}, M\right]$$

$$= \sum_j \sum_{t=1}^{T} \Pr(s_t=j|\boldsymbol{x}, M)\log b'_j(x_t) \quad (2.126)$$

となる．Q 関数を最大化する $\{a_{ij}\}$, $\{b_j(x)\}$ は，Q_a 関数を最大化する a_{ij} と Q_b 関数を最大化する $b_j(x)$ を個別に求めればよい．

ここで，α, β を式(2.113), (2.115)で定義した，前向き確率，後向き確率を用いて，γ, δ を，

$$\gamma(t, i, j) = \alpha(t-1, i)a_{ij}b_j(x_t)\beta(t, j) \quad (2.127)$$

$$\delta(t, j) = \alpha(t, j)\beta(t, j) \quad (2.128)$$

で定義する．$\gamma(t, i, j)$ は，時刻 $t-1$ の状態が i であり，時刻 t の状態が j であって，$x_1 x_2 \cdots x_T$ を出力する確率を表す．また，$\delta(t, j)$ は，時刻 t の状態が j であって，$x_1 x_2 \cdots x_T$ を出力する確率を表す．すなわち，

$$\gamma(t, i, j) = \Pr(s_{t-1}=i, s_t=j, \boldsymbol{x}|M) \quad (2.129)$$

$$\delta(t, j) = \Pr(s_t=j, \boldsymbol{x}|M) \quad (2.130)$$

となる．

式 (2.129), (2.130)を，それぞれ $\Pr(\boldsymbol{x}|M)$ で割ったものを $\xi(t, i, j)$, $\psi(t, j)$ とすると，

$$\xi(t, i, j) = \frac{\Pr(s_{t-1}=i, s_t=j, \boldsymbol{x}|M)}{\Pr(\boldsymbol{x}|M)} = \Pr(s_{t-1}=i, s_t=j|\boldsymbol{x}, M) \quad (2.131)$$

$$\phi(t,j) = \frac{\Pr(s_t = j, \boldsymbol{x}|M)}{\Pr(\boldsymbol{x}|M)} = \Pr(s_t = j|\boldsymbol{x}, M) \tag{2.132}$$

となる．これを式(2.125)，(2.126)に代入して，

$$Q_a(M, \{a'_{ij}\}) = \sum_i \sum_j \sum_{t=1}^T \xi(t, i, j) \log a'_{ij} \tag{2.133}$$

$$Q_b(M, \{b'_j\}) = \sum_j \sum_{t=1}^T \phi(t, j) \log b'_j(x_t) \tag{2.134}$$

を得る．

$$\sum_j a'_{ij} = 1 \qquad all\ i \tag{2.135}$$

に注意して，未定乗数法を用いると，式(2.133)を最大化する状態遷移パラメータ a'_{ij} は次のように求まる．

$$a'_{ij} = \frac{\sum_{t=1}^T \xi(t, i, j)}{\sum_j \sum_{t=1}^T \xi(t, i, j)} \tag{2.136}$$

出力分布パラメータについては，分布関数をどうおくかに依存する．例えば，出力分布が単一正規分布に従うとするとき，状態 j における分布関数の平均値，分散をそれぞれ μ'_j, Σ'_j とすれば，式(2.134)は

$$Q_b(M, \{b'_j\}) = \sum_i \sum_j \phi(t, j) \Big(-C - \log \Sigma'_j - \frac{1}{2}(x_t - \mu'_j)^T \Sigma'_j{}^{-1}(x_t - \mu'_j)\Big) \tag{2.137}$$

と変形できる．ただし，C は特徴ベクトル x の次数によって決まる定数である．よって，更新後の分布関数のパラメータは，Q_b を μ'_j, Σ'_j で微分して 0 とおくことにより，

$$\mu'_j = \frac{\sum_t \phi(t,j) x_t}{\sum_t \phi(t,j)}, \qquad \Sigma'_j = \frac{\sum_t \phi(t,j)(x_t - \mu'_j)^2}{\sum_t \phi(t,j)} \tag{2.138}$$

と求めることができる．

より精度のよいモデルパラメータを求めるためには，式(2.127)〜(2.138)で用いるパラメータ M の値を再推定の結果求まった M' で置き換えて，再推定を繰り返せばよい．

学習データが複数個あるならば r 番目の学習データを $\boldsymbol{x}^r = (x^r{}_1 x^r{}_2 x^r{}_3 \cdots x^r{}_T)$，そのデータに対する $\phi (= \Pr(s_{rt} = j|\boldsymbol{x}^r, M))$ を ϕ^r として，

$$\hat{\mu}_j = \frac{\sum_r\sum_t \phi^r(t,j) x^r_t}{\sum_r\sum_t \phi^r(t,j)}, \quad \hat{\Sigma}_j = \frac{\sum_r\sum_t \phi^r(t,j)(x^r_t - \mu_j)^2}{\sum_r\sum_t \phi^r(t,j)} \tag{2.139}$$

とする.

分布関数が混合正規分布で与えられる場合でも,同様に考えることでパラメータを推定することができる.

d. 連続音声認識
1) 連続音声認識の定式化

本項では,前項で述べた単語音声の認識アルゴリズムを連続音声認識アルゴリズムに拡張する.

単語認識の目的は,与えられた観測データ列 x に対し,最も相応しい単語 w^* をみつけることであった.

$$w^* = \arg\max_w \Pr(w|x) \tag{2.140}$$

これに対し,連続音声認識の目的は,与えられた観測データ列 X に対し,最も相応しい単語列 $\boldsymbol{w}^* = w^*_1 w^*_2 \cdots w^*_N$ を求めることにある.

$$\boldsymbol{w}^* = \arg\max_w \Pr(\boldsymbol{w}|\boldsymbol{x}) \tag{2.141}$$

ここで,

$$\begin{aligned}w^* &= \arg\max_w \Pr(\boldsymbol{w}|\boldsymbol{x})\\ &= \arg\max_w \Pr(\boldsymbol{x}|\boldsymbol{w}) \cdot \Pr(\boldsymbol{w})\end{aligned} \tag{2.142}$$

であり,$\Pr(\boldsymbol{x}|\boldsymbol{w})$ は単語列 $\boldsymbol{w}$ を発話したとき観測データ列 $\boldsymbol{x}$ が生起する確率であり,$\Pr(\boldsymbol{w})$ は単語列 $\boldsymbol{w}$ が生起する事前確率である.このとき,$\Pr(\boldsymbol{w})$ を言語モデル,$\Pr(\boldsymbol{x}|\boldsymbol{w})$ を音響モデルと呼ぶ.

2) N グラム言語モデル

仮説として,$\boldsymbol{w} = w_1 w_2 \cdots w_N$ なる単語列が与えられたとき,この単語列の生起に関する事前確率を計算することを考える.

$$\Pr(\boldsymbol{w}) = \prod_{i=1}^N \Pr(w_i | w_{i-1}, w_{i-2}, \cdots, w_1) \tag{2.143}$$

であり,これをマルコフモデルで近似することにすれば,

$$\Pr(\boldsymbol{w}) = \prod_{i=1}^N \Pr(w_i | w_{i-1}, w_{i-2}, \cdots, w_{i-K})$$

$$= \prod_{i=1}^{N} \Pr(w_i|w_{i-1}, w_{i-2}) \quad (\text{トライグラム})$$

$$= \prod_{i=1}^{N} \Pr(w_i|w_{i-1}) \quad (\text{バイグラム}) \tag{2.144}$$

となる．$N-1$ 重のマルコフモデルで近似した言語モデルを N グラム言語モデルと呼ぶ．2重のマルコフモデルで近似した言語モデルをトライグラム言語モデルと呼び，単純マルコフモデルで近似した言語モデルをバイグラム言語モデルと呼ぶ．一般にトライグラム言語モデルがよく用いられる．

3) HMM の連結と連続音声認識

単語 $w_1, w_2, \cdots, w_N$ のそれぞれに対応する HMM を連結してつくった HMM を考え，このモデルから観測データ列 $\boldsymbol{x}$ が生起する確率を求めると，ここで求まる確率値は，$\Pr(\boldsymbol{x}|\boldsymbol{w})$ を表すことになる．ここで，$\boldsymbol{w}=w_1 w_2 \cdots w_N$ である．

ここでさらに，連結にあたって，w_{i-1} から w_i への単語遷移時の状態遷移確率に，当該単語列で定まる言語モデルの確率値 $\Pr(w_i|w_{i-1})$ あるいは $\Pr(w_i|w_{i-1}, w_{i-2})$ などを与えることにすれば，この HMM から観測データ列 $\boldsymbol{x}$ が生起する確率は，$\Pr(\boldsymbol{x}|\boldsymbol{w})$ に $\Pr(\boldsymbol{w})$ を乗じた確率，すなわち $Pr(\boldsymbol{w}|\boldsymbol{x})$ を表すことになる．図 2.41 は 3 つの単語「プログラム」「を」「書く」の HMM を，バイグラム確率を用いて連結することによって，「プログラムを書く」という文の HMM をつくった例である．

任意の単語と任意の単語とを，その単語列で決まる言語モデル確率を状態遷移

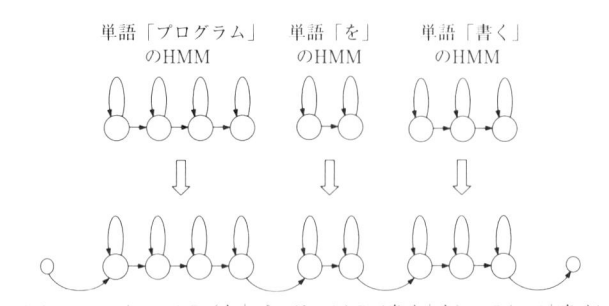

図 2.41　単語 HMM の連結による文 HMM の作成

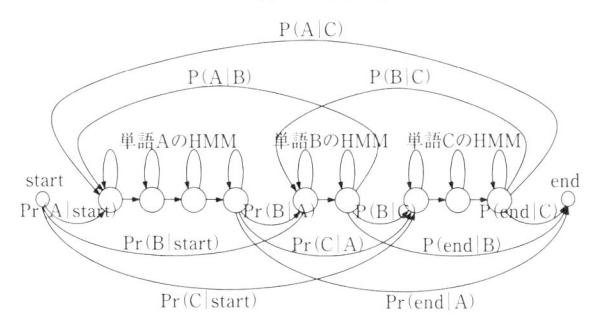

図 2.42 単語 HMM の連結による HMM ネットワークの作成

確率に用いて連結し，大きな HMM のネットワークをつくることにすれば，これもまた 1 つの HMM として捉えることができる．図 2.42 は，A，B，C の 3 単語を語彙として，このような拡張を行って作成した HMM である．こうしてつくった HMM 上のそれぞれの経路は，ある単語列に対応する HMM を表現することになる．よって，この HMM を用いて，観測データ列 x を出力する確率が最も高くなる経路を探索することと，$\Pr(w|x)$ を最大化する単語列 w^* を求めることと等価であることがわかる．

4) ワンパスアルゴリズムによる連続音声認識

本項では，前項に述べた考え方に基づいて連続音声を認識するアルゴリズムを，言語モデルとしてバイグラムを用いる場合を例にとって説明する．ここで紹介するアルゴリズムは，すべての処理が時間に同期して実行される（時間をさかのぼってデータを参照することがない）ことから，ワンパスアルゴリズムと呼ばれる．

この方式では，語彙数分並行にビームサーチを行い，単語終端においてのみ他の単語始端に対して遷移を行う形でアルゴリズムが実行される．w_j から w_k への遷移確率には，バイグラム言語モデルの確率 $\Pr(w_k|w_j)$ を用いている．

記号を，

$a(w_i, t, l)$：時刻 t までに状態が単語 w_i の l に至り，データ $x_1 x_2 \cdots x_t$ を出力する確率

a^i_{kl}：単語 w_i の状態遷移確率

$b^i_l(x_t)$：単語 w_i の出力確率

$res(w_j, t, l)$：時刻 t に単語 w_i の状態 l に至る場合における最適な単語列

$\oplus$：単語列の連結演算子

```
for all(w_i, t, k)    α(w_i, t, k)=最小値；
for all(w_i, k){
    α(w_i, 1, k)=Pr(w_i|start)π^i_t b^i_t(x_1)；
    res(w_i, 1)=w_i；
}
α(w_i, 1, k) の上位を与える (w_i, k) を C(T+1) に登録；
for t=1 to T-1{
    for(w_i, k)∈C(t){
        for all l
            if α(w_i, t+1, l)<α(w_i, t, k)a^i_{kl}b^i_t(x_{t+1}){
                α(w_i, t+1, l)=α(w_i, t, k)a^i_{kl}b^i_t(x_{t+1})；
                res(w_j, t+1, l)=res(w_i, t, k)；
            }
        if k は単語終端
            for all w_j
                if α(w_j, t+1, 1,<α(w_i, t, k)Pr(w_j|w_i)b^j_1(x_{t+1}){
                    α(w_j, t+1, 1)=α(w_i, t, k)Pr(w_j|w_i)b^j_1(x_{t+1})；
                    res(w_j, t+1, 1)=res(w_i, t, k)⊕w_j；
                }
    }
    α(w_i, t+1, k) の上位を与える (w_i, k) を C(T+1) に登録；
}
α(w_i, T, K)(K は w_i の最終状態) の最大値を与える w* を求める；
res(w*, T, K) を認識結果とする；
```

図 2.43　ワンパスアルゴリズム

と定義するとき，ワンパスアルゴリズムは図 2.43 のように表現できる．

　以上本節では，音声の特徴抽出から始まって，連続音声認識アルゴリズムまでを紹介した．現在開発が進む音声認識システムは，種々の変形が行われているものの，基本的には本節で紹介した方法を基礎として構成されている．

3

映像（画像）メディアと信号処理

3.1 画像符号化

a. 画像信号の符号化

　画像は人間にとって最もなじみよい情報伝達媒体である．放送・通信・記録メディアにおいて，その重要性はますます高まっている．ところが画像情報をそのままディジタル符号化すると，膨大な情報量が必要となり，実用上この情報量を大幅に削減する必要がある．一方，画像信号には多くの冗長度が含まれており，一般にこの冗長度を効果的に削減することにより画像情報圧縮が行われている．最近における画像情報圧縮，すなわち高能率符号化技術の進歩はめざましく，多少の画質劣化が許容される TV 電話や TV 会議システムなどでは，すでに普及が進んでいる．また高画質を必要とする放送の分野においても，衛星回線を中心にディジタル放送が実用化されている．しかし高画質画像通信や超低レート画像通信についてはいまだに課題を残しているものも多く，さまざまな方式の検討が行われている．

　高度情報通信化が進むなか，さまざまなメディアを利用した情報通信が普及している．なかでも画像情報は最も利用しやすいメディアだが，他のメディアに比べて情報量は格段に多く，高能率に符号化することが必要不可欠である．例えば音声信号なら，単純にサンプリング 8 kHz，量子化 8 bit で符号化しても 64 kbps の情報速度で伝送できる．しかし画像信号の場合，例えば放送用の TV 信号で考えると，白黒（輝度）画像でもサンプリング 8.4 MHz，量子化 8 bit で符号化すると 67.2 Mbps となり，音声信号の 1000 倍以上の情報が必要であることがわかる．このように膨大な情報量をもつ画像信号を，能率的に情報通信に適用

するために，さまざまな高能率符号化方式が検討されてきた．画像情報帯域圧縮の方式については，JPEG，MPEGなどで国際規格の検討がなされ，規格化・実用化の段階に入っている．しかし一方では，将来のハード技術進歩の期待のもとに，より高い圧縮率で，画質劣化の少ない符号化方式の可能性を求めて，斬新な研究が進められている．最近では知的符号化に代表されるように，信号処理に情報処理を付加した，新しい符号化方式が提案された．現在，さらなる高能率符号化を目指して，新しい画像符号化方式が検討されている．

　放送分野においては，映像の入力から加工といった局内作業はディジタル化され，変調・送信までのすべての行程は高画質が保証されている．最近ではディジタル変調と画像圧縮を用いた，ディジタル放送も運用を始めた．さらにディジタル画像の高能率符号化の研究が進み，MPEGに代表されるように，動画像の情報圧縮は格段の進歩を遂げた．例えば，従来のNTSC信号による放送と同程度の画質を6 Mbps程度で，またハイビジョンと同等な高精細画像を30 Mbps程度で符号化できるようになり，放送方式のディジタル化は実現可能なものになった．ここでは，限られた帯域の中にできるだけ多くのチャネルを確保するために，帯域圧縮は必要不可欠な技術とされてきた．さらに画像記録の分野では，これまでに蓄積されてきた膨大な画像情報を，ディジタル画像として整理・保存する計画が進められている．ここでも能率的に蓄積を行うために，さまざまな高能率符号化方式が必要になる．

　光通信の分野においては，光素子と光ファイバの改良によって，より高速でより長距離間の光通信が可能になった．例えば，普及している1.3 μmのシングルモードファイバにおいては，400 Mbpsの速度で中継間隔40 kmの通信が実用化されている．また開発中の1.5 μmシングルモードファイバでは，10 Gbpsの速度で中継間隔80 kmの通信が可能になる．さらに光波技術の進歩により，これらの通信の多重化が容易になるため，情報速度は飛躍的に高速化することが考えられる．これにより，光ファイバを用いた有線回線においては，比較的余裕のある伝送容量が確保される．しかし伝送する画像も，現行方式よりはさらに高精細な画像になり，立体画像などの新しい映像手法も適用されるため，今後，伝送情報量も増加していくことが予想される．加えて，画像通信の需要は今後もさらに増加することが見込まれており，有線回線においても決して十分な伝送容量であるとはいえない．また無線回線においても，限られた周波数帯域を有効に画像通

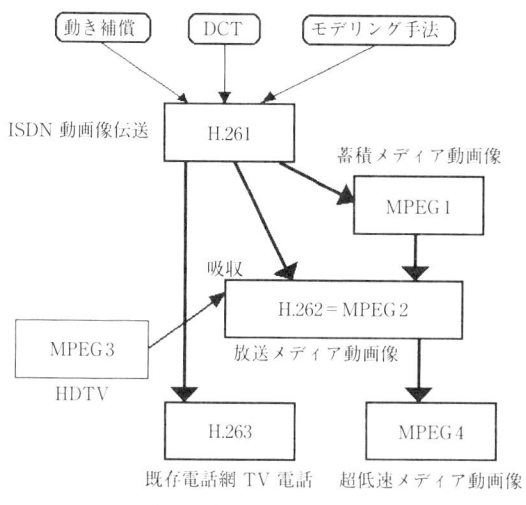

図3.1　各種の画像符号化方式

信に適用するために，さらなる高能率符号化方式の開発が期待されている．

これまでに規格化が進められてきた画像符号化方式と，それらの関連性について図3.1にまとめる．以下ではこれらの符号化方式の中から，JPEG，H.261，MPEG 1，MPEG 2について，高能率符号化の手法について説明する．

b. 画像符号化の原理

前項でも述べた通り，画像情報は他のメディアと比較した場合，その情報量は膨大である．無線，有線を問わず限られた帯域の中に，大量の画像情報を流すことは実用上の問題が多い．そのため，帯域有効利用の観点から，各種の画像圧縮手法が規格化されてきた．情報圧縮は情報削減とは異なり，情報の質（画質）の劣化を極力抑えて，情報を高能率に符号化することを示す．例えば，NTSCカラー信号中の輝度成分だけを抽出して白黒画像として符号化した場合や，単純に量子化/標本化密度を下げて解像度を低下させた場合は，情報の質が著しく劣化したことになり情報削減となる．情報圧縮では，MPEGに代表されるように，画像信号中の統計的性質や人間の視覚特性を考慮して，視聴者に画質劣化を感じさせないように情報量を低減させる．

信号の統計的な性質に着目した圧縮手法では，画像中の各種相関の高さを利用

している．例えば，自然の空間には水平や垂直方向の直線からなる被写体が多く，画像中の空間的（水平/垂直方向）な相関が高いために，DCTなどの周波数変換を用いて空間的な冗長度を抽出している．また動画像においては，時間的な相関の高さを利用するために，動き補償処理が適用されている．さらに，NTSC信号などでは，輝度信号とカラー信号の相関の高さに着目して，輝度信号と色信号の差分（色差）信号を伝送に用いている．

人間の視覚特性に着目した圧縮手法では，視聴者に画質劣化が目立たないように工夫がなされている．例えば，人間は水平/垂直方向の雑音に敏感であるため，前述のDCTにおいてジグザグスキャン（量子化テーブル）を用いて，変換係数の水平/垂直成分に重みをもたせた量子化を行うことで，量子化雑音による画質劣化を低減している．また，画面内の明るい部分よりも暗い部分の量子化雑音に敏感であるため，振幅の低い（暗い）部分の量子化密度を上げる工夫がなされている．また同時に，平均輝度が高いとフリッカに敏感になるため，平均輝度調節も行われている．さらに，静止画像の画質には敏感でも，動画像の画質劣化ではそれほどでもないため，動き補償処理により動画像を構成して情報圧縮を実現している．また，輝度の変化には敏感だが，色の変化には鈍感であるため，視覚特性の点からも前述の色差信号が適用されている．

これらの圧縮手法で利用される情報処理は，人間の視覚特性には感知されにくいが，実際の信号は変形しており，原信号の復元ができない（不可逆符号化）場合が多い．実際には，これらの手法により圧縮された画像情報を，エントロピー符号化などの統計的な手法を用いてさらに圧縮して，高能率符号化を実現する．ここで，単純にディジタル化した場合には，情報誤りはその画素にのみ悪影響を及ぼすが，圧縮された画像情報は情報エントロピーが高いので，情報誤りが生じた場合には，合成画像が再生できない場合もある．また，可変長符号化を適用しているため，情報誤りが伝搬して再生画像が極端に劣化する場合もある．そのため，これら高能率符号化方式では，情報誤りが生じないように，伝送路の環境を確保したり，誤り訂正処理を併用する場合が多い．

画像信号の高能率符号化方式を評価する場合，「情報量」，「画質」，「処理量」の3つの指標がある．限られた回線容量を有効に活用するためには，情報量を低減する必要があるが，この場合，画質の劣化と処理量の増加が生じる．しかし，ハードウェア技術の進歩はめざましく，処理量の増加はこれら周辺技術により解

```
          第1ステージ         第2ステージ         第3ステージ
           ┌─────┐          ┌─────┐          ┌─────┐
画像信号 ──→│画像の│────────→│量子化│────────→│2進符号化│──→
           │冗長度削減│       │     │          │      │
           └─────┘          └─────┘          └─────┘
         DCT, Hadamard    線形/非線形量子化    ハフマン符号
       DPCM,動き補償フレーム間予測 視覚特性を考慮した量子化
```

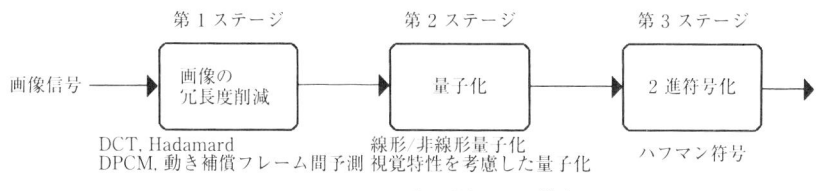

図3.2 基本的な画像符号化処理の構成

決されてきた．そのため最近では，情報量と画質の関係について中心に検討されている．例えば静止画の符号化においては，信号の縦・横方向の高い自己相関性を利用するために離散コサイン変換（DCT）を適用する．また動画の符号化では，動きだけを補正する動き補償処理（MC）を適用している．これらはいずれも処理量は膨大になるが，情報量当たりの画質がよいため実用化が進められている．さらに最近では，これらの処理専用の LSI も開発され，処理量の増加は解消されつつある．

以上で述べた画像符号化の基本的な処理過程を図3.2 に示す．図中の第1，第3ステージが画像信号のもつ冗長性の圧縮で，第2ステージが視覚特性の利用による情報圧縮である．これらの処理で，画像に歪みを生じさせるのが第2ステージの量子化部分であり，他のステージは画像のもつ情報，すなわちエントロピーを削減する操作となる．以下では各部分の処理内容について説明する．

1） 画像の冗長度削減

画像情報は非常に大きな冗長性をもっている．ITU で標準化された動画像テスト信号の相関係数を測定した結果では，通常の画像の相関はおおむね0.90～0.99 の範囲にあった．一般のテレビ放送画像において，0.6～0.7 の相関をもつ画像をみつけることは困難であるといわれている．第1ステージでは冗長性を予測符号化（DPCM），直交変換符号化（DCT，Hadamard），あるいはハイブリッド符号化などで削減する．直交変換には DCT，Hadamard，フーリエ変換などがある．直交変換方式では Karuhnen-Loeve が最適であるが，処理時間が膨大なため実用レベルではない．コンポーネント信号に対しては，DCT が最も優れた符号化効率を示したため，多くの符号化で適用されている．直交変換符号化では，できるだけ少数の変換係数にエネルギーを集中させることで，高能率符号化を実現する．Y，Cr，Cb 信号ではスペクトル特性が単調減少を示すためDCTが優れているが，NTSC（カラーテレビ）信号では，カラーサブキャリア周波

数(3.58 MHz)にピーク値が存在するため,Hadamard変換の方が効率がよい.

フレーム間符号化では,次に符号化する画素をすでに符号化した前フレーム(フィールド)の画素を用いて補間し,誤差成分のみを伝送する.時間的(前・後画像)相関が高いほど予測誤差値は小さくなり,フレーム間符号化の効果は大きくなる.前・後画像の間に動きがある場合,予測誤差値を小さくするために,「動き補償」などの画像の補間処理が行われる.

動き補償はフレーム間符号化として,動画像圧縮方式では非常に多く適用されている.LSI技術の進歩やメモリの低価格化により,動き補償の有用性はさらに高いものになった.動き補償フレーム間符号化における動きベクトル検出では,後画像の動き領域(ブロック)について,前画像の中から最も近い画素値(ブロック)を探し出す操作で,どの程度の画素範囲を探索するかで情報量が変化する.画素の探索範囲としてはITUテスト(動きが激しい)画像における測定結果により,縦横ほぼ15画素あれば十分だと予想された.そのため動きベクトルの情報として10 bit(縦横5 bit)が必要となる.さらに,1画素単位で動きベクトルを伝送するとしても効率がわるいため,DCTを行うブロック(マクロブロック)単位で画素値列の予測誤差値を最小とする動きベクトルを求めている.

2) 量子化

空間的・時間的な冗長度を削減した画像信号の情報量をさらに低減するために量子化(信号の振幅値を離散的なレベルで近似)が行われる.この量子化値の間隔を均等間隔で行う線形量子化と,量子化の間隔を視覚特性などに合わせて変化させる非線形量子化に大別される.最近では可変長符号化への適用が前提となるため,同S/Nにおいて最小のエントロピーを示す線形量子化を用いることが多い.一方で視覚特性を考慮した非線形量子化特性も利用されている.例えば,15レベル程度までの量子化では,予測誤差ゼロ近傍で発生する粒状雑音に比べ,大きな予測誤差部で発生する勾配過負荷による劣化(雑音)の方が,視覚的に大きな影響をもつことが知られているため,これらの雑音が画質に与える影響の度合いを主観的に評価し,視覚特性を考慮したうえで最も優れた量子化特性を設定したものもある.この場合,線形量子化と比べて,予測誤差ゼロ近傍で量子化間隔を若干細かく,予測誤差の大きな部分の量子化間隔を粗くすることで,視覚的に再生画質の向上を実現できる.

3) 2進符号化

ディジタル伝送では，量子化値を2進符号（ディジタル）に変換する．2進符号化は，各量子化値に一定の符号（ビット）長を与える固定長符号化と，量子化値ごとに異なる符号長を与える可変長符号化に大別される．可変長符号化では，量子化代表値や動きベクトルの発生確率に偏りがある場合，出現頻度が高い量子化値に短い符号長を，頻度の低い量子化値には長い符号長を割り当てることにより，全体の伝送レートを低減させている．可変長符号は線形量子化と組み合わせて用いることが多く，平均ビット長を最小とするハフマン符号が有名である．線形量子化に可変長符号を用いた場合，固定長非線形量子化に比べ，約1bit分の圧縮効果があるといわれている．

c. 静止・準動画像の圧縮

画像は時間的に変化しない静止画像と，時間的に変化する動画像に類別される．ここ数年の研究により，画像符号化方式の規格化が進み，優れた標準方式が生まれてきた．代表的なものとしては，静止画像用のJPEG，動画像用のMPEGがある．ここでは静止画像用の圧縮方式JPEGと，準動画（毎秒30フレーム以下）のH.261（263）について解説する．

これまでに，前述の原理に基づいて，さまざまな画像圧縮方式が規格化されてきた．静止画用の圧縮方式としてはJPEG（Joint Photograhic Experts Group）があり，1枚の静止画像を数十kbitに圧縮できる．静止画像を扱うパソコン通信や，インターネット，ディジタルカメラなどで盛んに用いられている．JPEG方式では，①シーケンシャルDCTベース，②プログレッシブDCTベース，③ロスレス（空間的予測），④ハイアラーキカル（階層化）の4つの動作モードが規定されており，ユーザが利用目的に合わせて選択できる．ここで，ロスレス方式だけが可逆符号化で，予測符号化とエントロピー符号化から構成されている．シーケンシャルDCT方式とプログレッシブDCT方式は，走査順序に従い圧縮処理を適用するか否かの違いで，いずれも前述のDCT（量子化テーブル）とエントロピー符号化（ハフマンテーブル）を適用した不可逆符号化である．DCT後に適用される量子化テーブルは図3.3に示すように，DC成分（左上隅）付近で最低値になっており，視覚特性に重要な周波数成分で小さい値（量子化幅値）になっている．これにより視覚特性上で重要な成分は量子化歪みを抑えて高能率

輝度用量子化テーブル

16	11	10	16	24	40	51	61
12	12	14	19	26	58	60	66
14	13	16	24	40	57	69	57
14	17	22	29	51	87	80	62
18	22	37	56	68	109	103	77
24	36	55	64	81	104	113	92
49	64	78	87	103	121	120	101
72	92	95	98	112	100	103	99

色差用量子化テーブル

17	18	24	47	99	99	99	99
18	21	26	66	99	99	99	99
24	26	56	99	99	99	99	99
47	66	99	99	99	99	99	99
99	99	99	99	99	99	99	99
99	99	99	99	99	99	99	99
99	99	99	99	99	99	99	99
99	99	99	99	99	99	99	99

図3.3 量子化テーブル

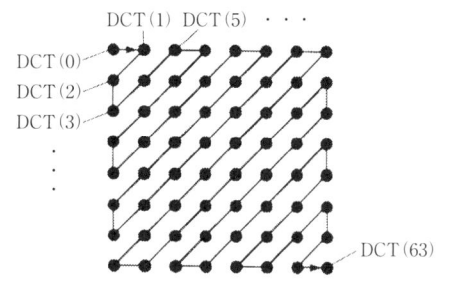

図3.4 ジグザグスキャニングの様子

符号化を実現している．また視覚感度の高い輝度用の方が，感度の低い色差用よりも細かい量子化が行われることがわかる．次に量子化テーブルの値で割られた係数を，1次元的に並べ替えるために，図3.4に示すようなジグザグスキャニングが行われる．これにより可変長符号化において，DC成分に近い視覚上で重要な係数から優先的にスキャン（伝送）することができる．また高周波項は量子化において0が多く出力されるが，ジグザグスキャニングにより0を多く並べた形で表現できるため，0ランレングスにより効率的に符号化できる．以上により周波数（DCT）変換における圧縮効果を，さらに有効に利用して高能率符号化を実現している．このDCTの原理は以降で述べる符号化方式にも同じように適用されている．

またハイアラーキカル符号化では，その他の3つの動作モードを合わせて適用したり，順次適用する手法である．JPEG（DCTベース）方式で圧縮を行った場合，おおむね圧縮率10%まではほとんど画質劣化が認識されず，5%で若干の画質劣化が認識され，3%以下では極端に画質が劣化してしまうため，5〜10%の圧縮率で利用される場合が多い．

準動画用の圧縮方式としてはH.261が主流で，ISDNを用いた画像通信やTV会議，TV電話などに利用されている．ISDN回線の通信を目的に開発されたため，伝送情報レートは64kbpsの整数倍で適用できる．最大情報レートで1920kbpsまで適用できるが，64〜256kbpsの動作モードを中心に利用されてい

る．情報レートが上がると画質が向上し，時間当たりのフレーム数も増加して，毎秒30フレームの動画に近づく．H.261ではフレーム画像単位で圧縮しており，CIFフォーマットで1ライン当たり360画素，1フレーム当たり288ラインで構成され，色差成分はこれらの半分の画素数が割り当てられている．また，QCIFフォーマットでは，CIFフォーマットの半分の画素数とライン数で適用される．H.261では，前述の動き補償予測とDCTを用いたハイブリッド処理により，高能率符号化を実現している．

画像信号には高い相関があることが知られている．静止画における空間的な冗長性と，動画像における時間的な冗長性が，この相関の高さをよく示している．そのため，JPEGなどの静止画用符号化方式においては，DCTに代表されるように，空間的な冗長性に着目した「信号予測」により，高能率符号化が実現される．またTV電話などにみられる動画用の高能率符号化方式では，時間的な冗長性に着目した「動き補償予測」を用いている．この動き補償予測では，画像の動きベクトルを予測し，この動きベクトルを用いて画像を移動させることで，動き補償画像を得る．動き補償予測の原理を図3.5に示す．

動画像の動きベクトルの検出方式については相関法や勾配法など，さまざまな方式が提案されている．相関法では，フレーム間の動き補償予測残差を低減する

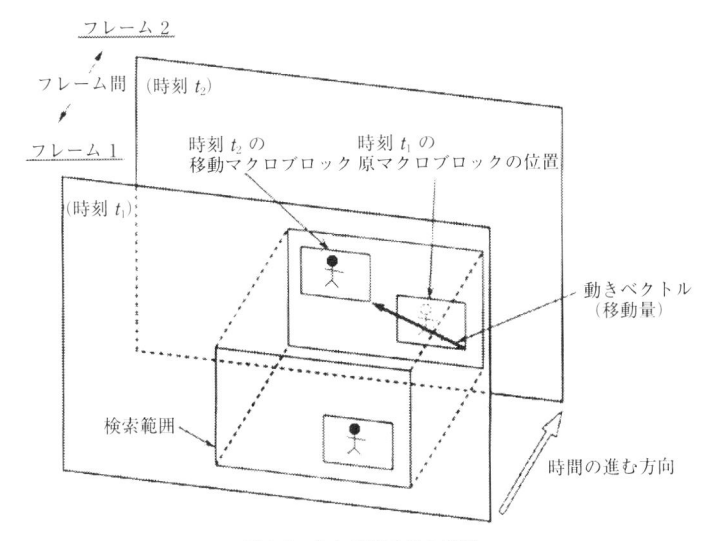

図3.5 動き補償予測の原理

ことを目的としているため，動きベクトルの予測精度は十分ではなく，本来の動きを正確に検出できない場合がある．また勾配法においては，ある濃度（輝度）勾配をもつ画像ブロックが動いた場合に，その勾配に応じた濃度の変化を，フレーム間の差分信号として検出することで，動きベクトルを予測する．勾配法では，テクスチャが平坦であったり，雑音の影響が大きい場合などは，濃度勾配が正確に得られないため，予測精度が低下してしまう．

また，これらの方式では正確な動きベクトルの抽出を目的に，反復演算を適用した予測手法が提案されている．そのため，正確な動きベクトルを抽出するには，膨大な繰返し演算が必要になり，同時に動き補償用のメモリの量も増加する．例えば，これまでに製品化された MPEG ボードにおいて，動き補償処理のために必要な実装部品面積と処理演算時間は，いずれも大半を占めている．しかし動画像の高能率符号化において，動き補償処理は必要不可欠な技術であり，MPEG 4 などの超低レート符号化においては，動き補償のみを用いているものも少なくない．近年，動き補償処理について，精度向上と高速化が求められている．

また，動き補償予測を用いた符号化方式では，少数の画素から構成されるブロック単位で動きベクトルを予測し，動き補償画像を合成する．そのため，パン，チルト，ズームなどのカメラワークに伴う，背景全体が変化するような動画像の場合，十分な効果は期待できない．そこで，これらのカメラワークに対応したグローバル動き補償を行うことで，動き補償の能率を向上させるための試みが検討された．さらに，カメラ本体の動きから，画像の動きベクトルを予測し，グローバル動き補償を実現する手法も検討された．また従来手法では，被写体の3次元的な動きに対しては，十分な動き補償を行うことはできない．最近では3次元的な動きを検出・合成するための研究が盛んに進められている．

d．動画像の高能率符号化
1) MPEG の概要

動画用の圧縮方式としては MPEG が中心に用いられている．記録媒体向けに規格化された MPEG 1 と，ディジタル TV 放送向けに開発された MPEG 2 がすでに民生用として実用化されている．最大情報レートで MPEG 1 は約 1.85 Mbps，MPEG 2 で約 15 Mbps だが，実際に利用される情報レートは MPEG 1

3.1 画像符号化

```
[1]              [3]              [4]              [2]
Iピクチャ      Bピクチャ      Bピクチャ      Pピクチャ
画面 No.1      画面 No.2      画面 No.3      画面 No.4
```

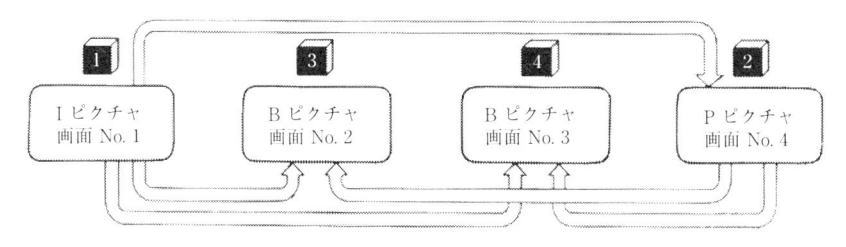

図3.6 3種類のピクチャ間の関連

で1Mbps程度，MPEG2で4Mbps程度である．いずれの方式も前述のH.261と同様に，動き補償予測とDCTをベースにハイブリッド符号化を行うが，MPEGではビデオ再生時などのランダムアクセスにも対応できる双方向の動き補償予測を適用している．MPEGではI, P, Bの3タイプのピクチャ形式を採用しており，Iピクチャ（Intra-Picture）はフレーム内の符号化だけから合成され，Pピクチャ（Predictive-Picture）は順方向だけのフレーム間予測符号化で合成され，Bピクチャ（Bidirectionally Predictive-Picture）は双方向のフレーム間予測符号化により合成される．これら3種類のピクチャ間の関連を図3.6に示す．3種類のピクチャにおいて，IピクチャはJPEG同様の効果，PピクチャではH.261同様の効果を得て，さらに本来なら伝送しなければならないBピクチャ分の情報を双方向予測により補間することで大きな圧縮効果を得ている．

またMPEGでは，動きベクトルの検出は半画素単位で行われ，検索範囲はMPEG1で±64画素，MPEG2で±128画素である．画像フォーマットは，MPEG1で352画素×240ライン，MPEG2では720画素×480ラインで，毎秒30枚の動画を合成できる．さらにMPEG2はMPEG1の上位互換性をもち，フレーム構造とフィールド構造の切換えが可能になっている．以上，MPEG1，MPEG2について，前述のH.261との差異を表3.1にまとめる．

またMPEGにおいて，各処理段階における圧縮手法の効率を比較すると，

表3.1 動画像圧縮方式の比較

	H.261	MPEG1	MPEG2
画像フォーマット	360画素×160ライン	352画素×240ライン	720画素×480ライン
符号化データの速度	64 kbit/s	1.856 Mbit/s	15 Mbit/s
ピクチャの種類	Pピクチャ	Iピクチャ，Pピクチャ，Bピクチャ	Iピクチャ，Pピクチャ，Bピクチャ

DCT（量子化）で 1/10〜1/20 程度，動き補償予測で 1/2 程度，可変長符号化で 2/3〜1/2 程度となり，全処理により 1/30〜1/80 程度の圧縮が可能であると考えられている．さらに，HDTV などの高精細画像を 30 Mbps 程度で圧縮するための MPEG 2 や，携帯 TV 電話や広域衛星放送用に極低レートの MPEG 4 なども，実用化が検討されている．

MPEG は ISO/IEC 国際標準 IS 11172（MPEG 1）と IS 13818（MPEG 2），そして IS 14496（MPEG 4）の総称である．また，2001 年標準化予定で進行中の，マルチメディア情報の検索，分離，管理，処理のためのコンテンツ記述に関する MPEG 7（IS 15938）も入る．MPEG の適応範囲はマルチメディア全般にわたっているが，動画像や音声が主な対象で，動画像の符号化，オーディオの符号化，動画像とオーディオの多重化の 3 部分の符号化方式を指す．なお，実際の MPEG では，送信側で複数のメディアを多重化して受信側で分離する「マルチメディア多重分離」，受信側で送信側と同じタイミングでの再生を行う「タイムベース」，各メディア間の「同期」という 3 つの機能が必要となる．さらに MPEG システムで送受信するには，単純に音声や画像を送受信するだけでなく，これらを一体化した情報として送受信しなければならない．音声や画像は送信側と受信側で同じタイミングであることが前提で，個々の情報間で動きを合わせる同期が必要となる．以下では MPEG 1，MPEG 2 の詳細について述べる．

2) **MPEG 1**

MPEG 1 符号化方式では，H.261 との共通性を考慮することが前提となっている．MPEG 1 の特徴は以下の通りである．

① 符号化単位をマクロブロック（MB）とし，各 MB について，16×16 画素の輝度ブロックに対して動き補償を行い，MB 単位の動き補償フレーム間予測とし，時間的画面相関に基づく情報圧縮を行う．

② 各 MB を 8×8 画素のサブブロックに細分し，DCT による空間的情報圧縮を行う．DCT 演算の対象となるのは，輝度信号ブロック 4 個と色差信号ブロック 2 個としている．

③ 動き補償フレーム間予測，DCT（量子化）による情報圧縮，ハフマン符号に基づくエントロピー符号化（可変長符号化）の 3 行程で高能率符号化を実現．

④ DCT 係数の量子化ステップ制御によって，全体の符号発生量制御を行う．また，蓄積メディアへの適用を考慮して，以下のような方式が採用されてい

る．

① ランダムアクセスを可能にするため，画面内だけで閉じた符号化画面（フレーム内符号化画面）を定期的に挿入し，このフレーム内符号化画面が少なくとも1枚入った画面群構造（Group of Pictures；GOP）をもつ．

② 読出し専用メモリ（CD-ROMなど）での利用が多いため，符号化処理にかかる時間は軽視されるが，復号処理の実時間（高速）性は重視される．このため1枚のフレーム内符号化をもとに予測画面をつくる場合，2枚以上先の画面を予測した後，間の画面を双方向予測により作成し補間を行う．この双方向予測により順方向予測のみの符号化に比べて，エンコード時間は多少かかるが高画質化を実現できる．

③ 画面フォーマット（画面サイズ，解像度）は，NTSC，PALの両方式に適用できる符号化対象画面とする．そのためSIFは2形式になっており，NTSC用は352×240画素で30フレーム/秒，PAL用は352×288画素で25フレーム/秒となっている．

さらに，蓄積メディアによる再生形態では，さまざまなトリックモード（早送り，巻戻し，途中からの再生）が必要とされる．このトリックモードを実現するため，MPEG1ではGOP構造が適用されている．MPEG1符号化データは前後の画面データをもとにした符号化を行っており，1画面のみで完結した情報ではないので，何枚かの画面データを1つにまとめたGOPを単位（シーケンスヘッダをエントリポイント）として，ランダムアクセスを可能にしている．同様にランダムなタイミングで放送を受信することを想定すると，GOP構造はMPEGを放送に適用する場合にも必要になる重要な要素である．

MPEG1では，フレームメモリを2枚利用した双方向予測が行われる．この双方向予測を実現するために，3つの画像タイプを規定している．図3.6でも示した通り，Iピクチャはフレーム内符号化画像で，その画像情報のみから符号化され，フレーム間予測を使わずに生成される．Pピクチャはフレーム間順方向予測符号化画像で，IまたはPピクチャからの予測を行うことによって符号化され，一般的にフレーム内符号化と順方向フレーム間予測の両方を含んでいる．Bピクチャは双方向予測符号化画像で，双方向の予測からのみで符号化され，フレーム間予測しか含まない（ただしP，BピクチャもMB単位ではイントラ符号化を含むことがある）．

さらに MPEG では H.261 から拡張された要素技術も適用されている．H.261 では整数画素精度の MC（Motion Compensation；動き補償予測）だったが，MPEG では半画素精度の MC が使われている．これには予測精度向上に加えて，H.261 におけるループ内フィルタの役割（符号化効率の向上，空間的なローパスフィルタ）も兼ね備えている．量子化-逆量子化の仕組みとしては，量子化特性（MQUANT）と量子化マトリックスが適用され，前者は符号発生量制御と画像の活性度に対応した MB 単位の量子化パラメータの変更に向いており，後者では視覚心理学上の空間周波数ごとの量子化感度を利用した効率的な符号化を実現できる．

次に MPEG 1 の主要アルゴリズムについて特徴を以下に述べる．

(1) 予測符号化において，フレーム内予測符号化，順方向フレーム間予測，逆方向フレーム間予測，内挿的予測とが切り換えられるようになっている．

(2) 双方向予測により過去と未来からの両方向予測の効果が得られるが，P ピクチャの予測フレーム間隔が大きくなるため，予測精度は低下してしまう．B ピクチャをもたない符号方式よりも予測効率は向上するが，B ピクチャが挿入されるために，画面の処理順序と伝達メディア上の順序が原画面の順序と異なってしまう．また再生時に遅延が生じるため，双方向通信などに適用する場合にはレスポンスビリティがわるくなる．量子化特性を I, B, P で変えなくても B ピクチャの圧縮効果は高いことが確認されているが，I, P と B で差をつけるとさらに効率が向上することがわかっている．I, P ピクチャは予測に利用する画像なので，量子化幅を細かくしておき，B ピクチャで画質を低く抑えて粗く量子化を行う符号化制御を行うことで，平均的画質が向上することが確認されている．

(3) GOP 内のピクチャ数（N），I または P ピクチャの現れる周期（M）に制限はないが，以下の 2 つの規則がある．①ビットストリーム上で GOP の最初は I ピクチャであること．②原画面順で GOP の最後は I または P ピクチャであること（GOP の最後に B ピクチャを許さないことで，予測画像の選定において復号器の判断が複雑になることを防いでいる）．実用的な符号器で使われる一般的な適切条件は，N が 0.4 秒から数秒に相当する値，M は 2〜3 程度である．N が小さいと符号化効率が低下し画質が劣化するが，逆に大きいとランダムアクセス単位が大きくなってしまう．M は動画像の動きによって最適値があり，激しい動きの画像では $M=1$（B ピクチャなし）がよく，動きの少ない（遅い）画像

では $M=3$ がよく適用される．

(4) 動きベクトルはハーフペル（半画素，整数表現も可能）単位で求められ，予測画素の位置が2画素間なら2画素値の丸めつき平均，4画素間なら4画素値の丸めつき平均という簡単な方法で決定される．ハーフペル予測は，予測精度を向上させることに加えて，画像を少しぼかす（$[0.5, 0.5]$ のインパルス応答をもつローパスフィルタ）機能をもっている．すなわち，MPEG 1 ではハーフペル MC がループ内フィルタの役割も果たしていることになる．

(5) 符号化の最小単位（ブロック）に対して2次元 DCT が行われる場合，逆 DCT において精度が一致しないと，フレーム間予測が連続した場合に符号器と復号器との間に誤差が蓄積（IDCT ミスマッチ問題）されてしまう．そこで係数の逆量子化で再現される値を，すべて奇数に制限することで誤差蓄積の問題を回避して，IDCT ミスマッチ問題の大半を解決した．

(6) MPEG 標準では逆量子化だけが規定（量子化の規定はなし）されており，逆量子化はイントラと非イントラとで異なった規則に従って演算される．

(7) 符号器の符号化制御方法は MPEG 1 の標準に含まれていないが，符号器の設計において復号画像の品質が大きく左右する．例えば，各ピクチャへの符号量の割当て，および量子化パラメータの制御方法など，非常に重要な要素である．

図 3.7 に MPEG 1 の符号器・復号器のブロック図を示す．MPEG 1 では，2枚の予測メモリを用いて，メモリを用いないフレーム内予測と2枚（もしくは1枚）のメモリを用いるフレーム間予測を適宜切り換えながら符号化/復号化を行っている．前述の通り複雑な処理を組み合わせることで，高能率符号化を実現していることがわかる．

次に MPEG 1 のデータ構造についてまとめる．ビットストリームデータは，図 3.8 が示すように6層構造となっている．各層の先頭は，32 bit のバイト配置された開始コードからなり，これらのビットパターンは MPEG ビットストリーム中でこれ以外に発生しない．シーケンス層は，シーケンスヘッダと GOP の繰返しであり，途中についたシーケンスヘッダは，量子化マトリックスだけが変更を許される．スライス層は，任意長のマクロブロックの幅であり，ピクチャをまたがることはできない．また，スライス間のオーバラップやギャップは許されない．ブロック層は必要な DCT 係数を含み，EOB で終了する．DCT 係数は2次元 VCL によって表現される．イントラ DC だけは独自の VCL を使用している．

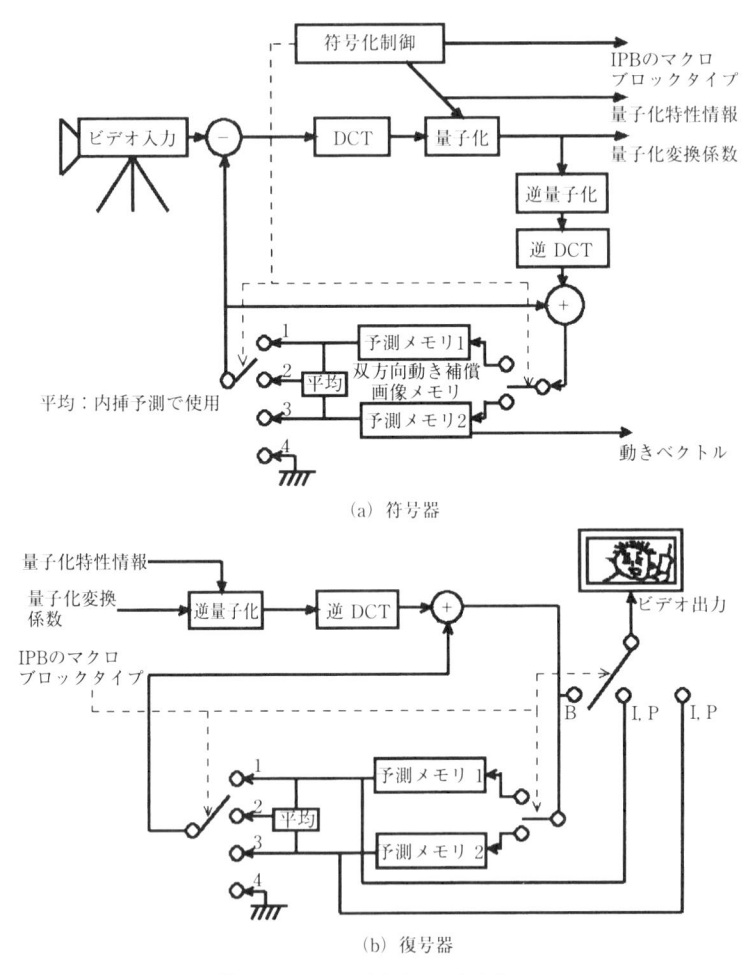

図3.7 MPEG1符号化器・復号化器

非イントラブロックの最初の係数は,確率の高いランレベルを EOB と重複した符号を用いることを許している.これにより短いコードを利用でき,符号化効率を向上させている.

3) MPEG 2

MPEG 2 は,MPEG 1 のような CD-ROM を中心とした蓄積メディアを対象とする動画像符号化規格と異なり,さらに高画質な放送品質を目指した標準規格である.主にはディジタル放送や DVD への適応を目的としたもので,当初

3.1 画像符号化

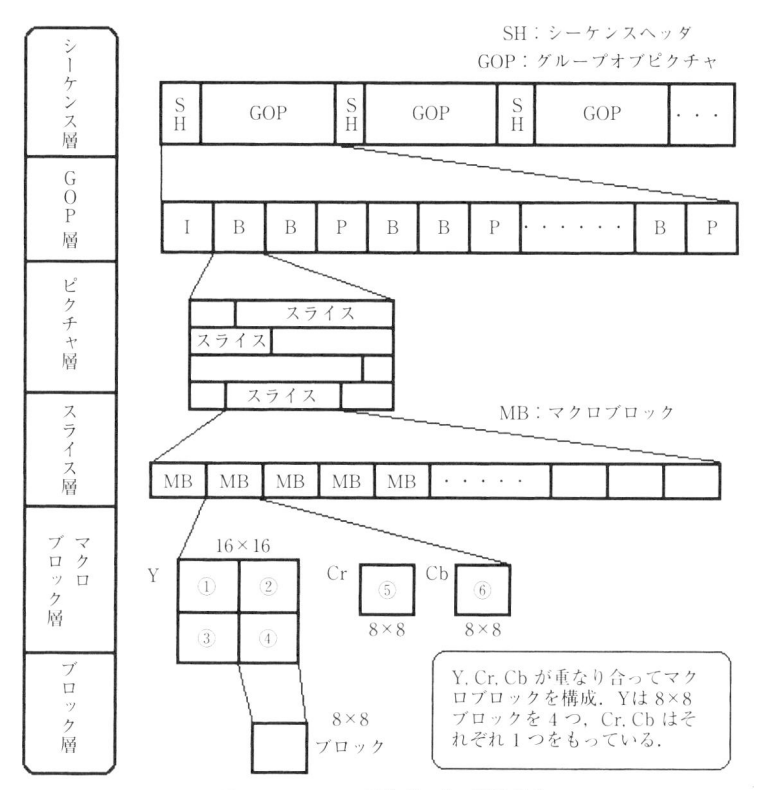

図3.8 MPEG 1 画像データの階層構成

シーケンス層 / GOP層 / ピクチャ層 / スライス層 / マクロブロック層 / ブロック層

SH：シーケンスヘッダ
GOP：グループオブピクチャ
MB：マクロブロック

Y, Cr, Cb が重なり合ってマクロブロックを構成．Y は 8×8 ブロックを 4 つ，Cr, Cb はそれぞれ 1 つをもっている．

HDTV を標準化対象としていた MPEG 3 も含めた規格となった．MPEG 2 では，ビットレート 4～9 Mbps 程度で現行 TV 品質を，15～30 Mbps 程度で HDTV 品質を実現している．日本国内では，CS ディジタル放送や DVD，BS-4 後発機による BS ディジタル放送などで利用されており，今後の地上波ディジタル放送においても適用される予定である．

また MPEG 2 で用いられるアルゴリズムは，MPEG 1 と同様の基本技術を用いているが，内容的には多くの新しい考え方が取り入れられている．MPEG 1 の性能が多くの国で認められたため，ITU-T も同一規格とすることを決め，ATM を基本とした広帯域ネットワーク用の放送品質動画像符号化標準 H.262 と共通テキストになっている．これまでの家電，通信，コンピュータ業界に加え，放送業界からも多くの参加を受けて標準化作業が進み，欧米をはじめ世界の

ディジタル放送の標準において採用されるようになった．

MPEG 2は，もともと MPEG 1を基本としているため，原理的には H.261 と JPEG の技術を継承している．基本原理は MPEG 1なので，以下では高品質の放送品質画像を得るために加えられた機能について説明する．

(1) ビデオフォーマットでは実現しようとする画質により，輝度と色差の解像度における相対的比率を定めており，MPEG 1の4：2：0だけでなく，4：2：2と4：4：4のスタジオ品質フォーマットが導入されている（4：2：2は色差信号の解像度を縦半分，4：2：0は縦横半分）．

(2) スケーラビリティ（ビットストリームを部分的に復号することにより SNR，空間解像度，時間方向の解像度を段階的に可変とする機能）の実現には，階層符号化と呼ばれる手法が適用されている．SNR スケーラビリティとは，量子化ステップの粗い符号化列と，さらに精細化した符号化列とが階層構成になっている構造である．空間スケーラビリティは空間解像度の粗精度符号化列と高解像度符号化列との階層構造であり，時間スケーラビリティとは時間解像度の粗精度符号化列と高精度符号化列とを階層構成にしたものである．

(3) インターレーススキャンに対応しており，DCT ならびに動き補償を合わせて利用したときに大きな圧縮効果がある．MPEG 1ではノンインターレースのフレーム画像しか扱えなかったが，MPEG 2ではフィールド構成の画像符号化も可能となった．情報圧縮の効率化のために，フィールドモードの DCT，動き補償が用意されているが，エンコードとデコードのブロック図は MPEG 1とほとんど変わらず，フィールドモードを選択したときに DCT と動き補償のブロック図の構成が変わるだけ対応している．

(4) DCT 係数のスキャン方法が選択，イントラ DCT 精度の高精度化，IDCT ミスマッチ対策，非線形 Q スケールタイプ，エラー耐性の強化などの改良がされている．

次に，MPEG 2で初めて導入されたレベルとプロファイルの考え方について述べる．さまざまな符号化ツールが多くのアプリケーションに対応すると，ハードウェアからみると情報の相互利用が困難になってしまう．そこで，デコーダの性能をクラス分けすることで相互利用の問題を解決する．プロファイルは機能的な区分け，レベルはその数量的な区分けである．このプロファイルとレベルの組合せは「プロファイル略称@レベル略称」という表現がされ，11種類のデコー

ダとビットストリームの組合せがある.一般的によく利用されるMP@MLは,メインプロファイル@メインレベルとなり,具体的に伝送速度15 Mbps,画素数720×576,30フレーム,スケーラビリティなし,ビデオフォーマット4：2：0である.

MPEG 2のデータ構造は,基本的にはMPEG 1と同じで6層構造をとっている(GOP構造をもたなくてもよいという点を除けばほぼ同一).そして,シーケンスヘッダの直後にシーケンス拡張部があればMPEG 2,なければMPEG 1ビットストリームと判断される.つまり,MPEG 2デコーダはMPEG 1の上位互換性をもっている.MPEG 1から付加された拡張部により,MPEG 2ビットストリームはMPEG 1との互換を保ちながら,多くの付加機能を実現している.

e. 画像符号化の実用例

はじめに画像符号化方式が実用化されたものは,インターネットなどのホームページにみられる画像配信システムである.ここでは静止画像用としてJPEG,動画像用としてはMPEG 1が多く採用された.またディジタルカメラにおいても,JPEGやMPEGの符号化器を搭載した機種も出回るようになっている.また,ISDNが家庭用電話回線に普及するにつれて,H.261などを用いたテレビ電話システムも出回るようになり,通信教育や遠隔会議などでも利用されている.

画像符号化の最もメジャーな実用例はディジタル放送であろう.ディジタル放送の動画像伝送方式の処理は「情報源符号化→多重化→伝送路符号化」の3過程からなるが,情報源符号化と多重化は原則として放送伝送媒体(伝達メディア)にかかわらず共通化を図り,伝送路符号化は伝達メディアに対して最適化するという方向で技術開発・標準化が進められてきた.図3.9はわが国のディジタル放送の要素技術構成(動画像伝送方式)を示す.BSディジタル衛星放送は微弱受信電波を前提とした伝送路符号化方式(QPSK)を採用しており,地上波ディジタル放送は固定受信向けとして伝送効率の向上に重点をおいた伝送路符号化方式を採用し,加えて地上波伝搬特性特有の問題であるマルチパス対策のためOFDM伝送方式を適用している(マルチパス耐性を利用してSFNが可能).さらに,BS・地上波ディジタル放送ともに,伝搬路変動対策として日本固有の新しい階層伝送方式が採用されている.BSディジタルは2000年12月から本放送

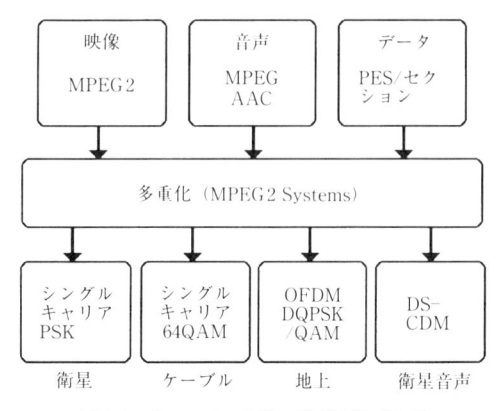

図3.9 ディジタル放送の要素技術（日本）

が開始し，地上についても数年以内には運用が具体化していく予定である．

3.2 画 像 生 成

　計算機を用いて画像を生成する技術はコンピュータグラフィックス（Computer Graphics；CG）と呼ばれ，この技術を利用することにより臨場感のある画像やアニメーションなどの動画像を生成することができる．
　CGにより画像を生成するためには，
　（1）　物体の形状を計算機内でどのように表現するか
　（2）　物体の色や影，隠れをどのように計算するか
が重要な技術となる．前者をモデリング（modeling）と呼び，後者をレンダリング（rendering）と呼ぶ．このレンダリング技術はさらに
　（1）　立体形状の2次元図形への変換法（投影法）
　（2）　形状表現のための濃淡づけ法（シェーディング）
　（3）　材質や表面の模様の表現法（テクスチャマッピング）
などから構成される．
　本節ではこれらの基礎技術について解説し，その応用としての人工現実感や複合現実感などについてもふれる．

a. 形状のモデル化

ある形状をもった物体の像をディスプレイ上に表示するためには，その物体形状を計算機内で表現する必要がある．一般に物体の形状は多面体で近似することが多く，多面体であれば，その頂点や稜線，面などの幾何情報で表現できる．しかし実際には，稜線の両端点，面を構成する稜線といったような，隣接関係などの位相情報をもつことにより，より正確に表現が可能となる．多面体の代表的な形状のモデル化方法は次の3つである．

1) ワイヤフレームモデル (wire-frame model)
2) サーフェスモデル (surface model)
3) ソリッドモデル (solid model)

以下に各モデルについて説明する．

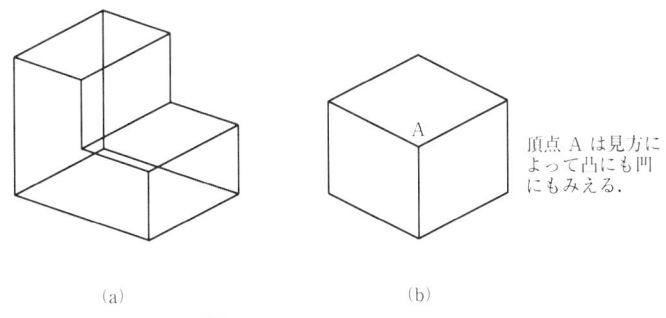

1) ワイヤフレームモデル

ワイヤフレームモデルとは，多面体の頂点の位置とその隣接関係によって表現するモデルであり，図3.10(a)に示すように文字通り物体を「針金細工」で表現する．ワイヤフレームモデルは比較的単純なモデルであるため，非常に高速に描画できるだけでなく，頂点の削除や新たな頂点の追加など，形状データの変更も容易にできる．このモデルは面の情報をもたないため，物体の色や模様，質感を表すことは不可能であるが，その像から形状の概略を把握することができることから，CAD/CAMにおける物体形状の描画，複雑な形状の定義，および形状の変更の際などの一時的な表現方法として用いられている．しかし，物体を通してその奥の背景や物体がみえてしまうため，奥行き情報を正しく知覚できないこともある（図3.10(b)）．

(a)　　　　　　(b)

頂点Aは見方によって凸にも凹にもみえる．

図3.10　ワイヤフレームモデル

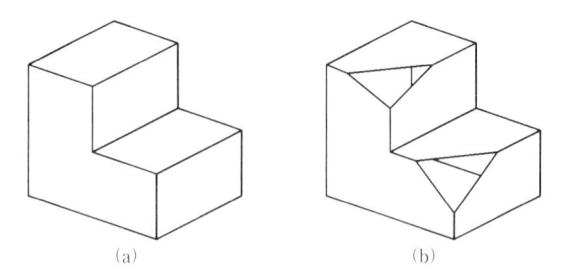

図 3.11 サーフェスモデル

2) サーフェスモデル

サーフェスモデルとは，多面体の各面（一般には三角形の場合が多い）の集まりとして表現するモデルであり，図 3.11(a) に示すように物体を「紙細工」で表現する．したがって，物体の中身は空洞であり，図 3.11(b) のように物体を切断すると内部の面がみえる．このモデルでは，多面体の頂点，稜線，面の情報をもち，描画も比較的高速に行えるだけでなく，物体の見え隠れによる奥行き情報も正しく描画できる．また物体の色や模様，質感も表現可能である．

3) ソリッドモデル

ソリッドモデルとは，図 3.12 のように物体を中身の詰まった「粘土細工」で表現する手法であり，サーフェスモデルと違い，切断面から物体内部の面がみえることはない．ソリッドモデルの代表的な表現方法として，境界表現 (boundary representation) と Constructive Solid Geometry (CSG) 表現がある．境界表現は，物体はそれを囲む面，面はそれを囲む稜線，稜線はその両端点，というような「境界」で物体を表現する．一方，CSG 表現は直方体や多角錐，球などの基本的な形状（これをプリミティブと呼ぶ）の集合演算により物体を表現する

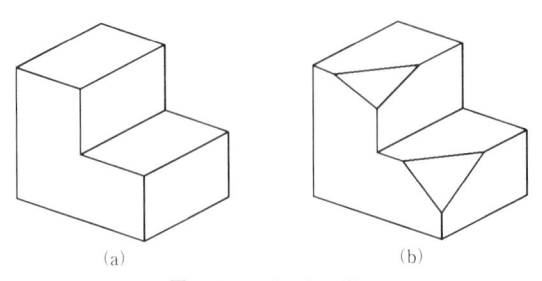

図 3.12 ソリッドモデル

図 3.13 CSG 表現における集合演算

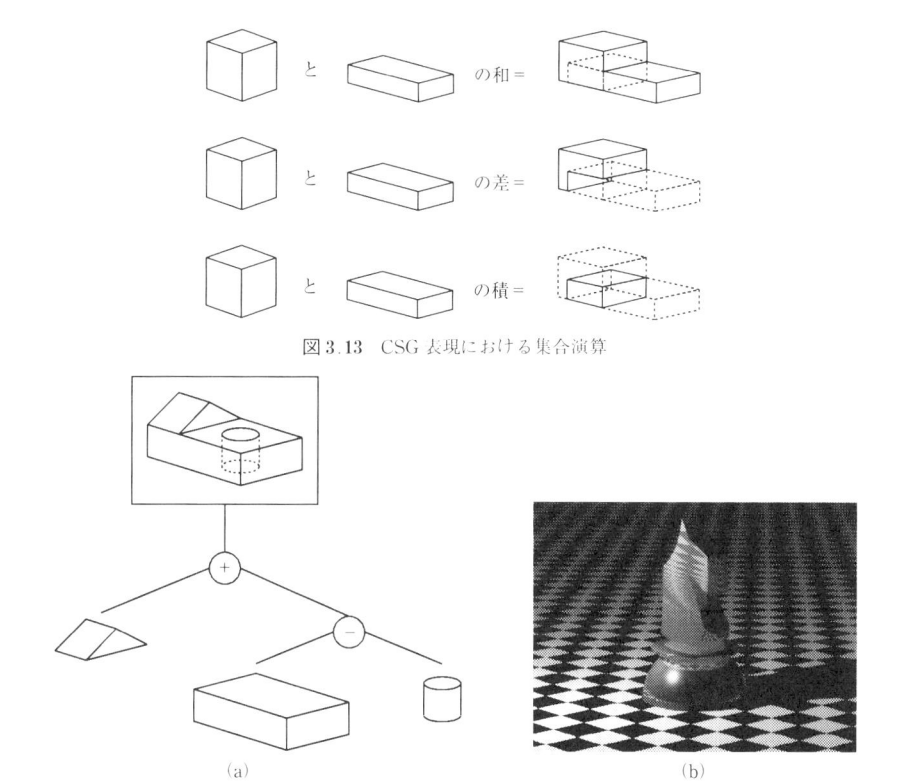

図 3.14 CSG 表現による木構造の例 (a) と画像例 (b)

手法であり，集合演算には，図 3.13 に示すような和，差，積などの演算がある．これらの集合演算を組み合わせて，プリミティブ間の結合関係を木構造を用いて表し，複雑な形状を定義することができる．実際に CSG 表現により表した形状と画像の例を図 3.14 に示す．

b. 投影のモデル化と変換

1) 投影モデル

図 3.15 に示すような視点を原点とした XYZ 座標系を考える．Z 軸に直交するように距離 f の位置に投影面を置き，その投影面上に xy 座標系をとる．このとき空間内の点 (X, Y, Z) は

図 3.15 中心投影

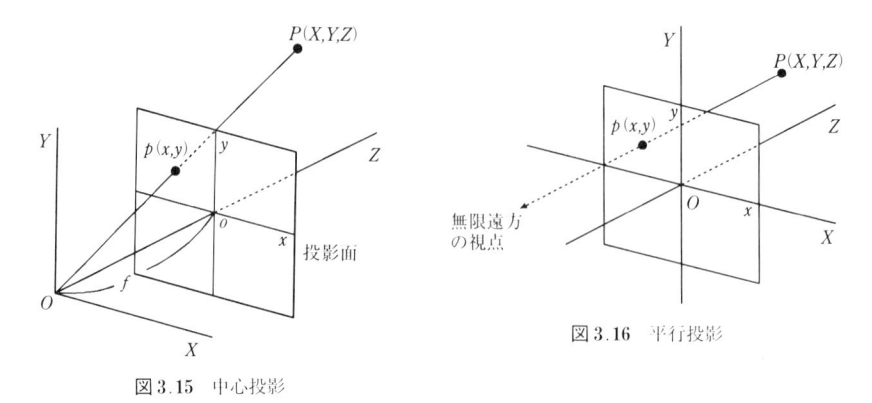

図 3.16 平行投影

$$\begin{pmatrix} x \\ y \end{pmatrix} = \frac{f}{Z} \begin{pmatrix} X \\ Y \end{pmatrix} \tag{3.1}$$

に投影される．これは空間内の点と視点とを結ぶ直線と投影面との交点に像ができることを表す．このような投影法を中心投影（perspective projection），この撮像モデルをピンホールカメラモデル，この座標系をカメラ座標系と呼ぶ．この投影法では，近くの物体は大きく，遠くの物体は小さくみえる，というような像の歪みが観測される．この歪みにより，平行な線が一点で交わるような像が得られることになり，これが遠近感を生む．

いま，画像面はそのままで，徐々に視点を遠く離していくと，像の歪みが少なくなり，無限遠方まで視点を移動させると歪みは全くなくなる．このとき空間内の点は画像面上に

$$\begin{pmatrix} x \\ y \end{pmatrix} = \begin{pmatrix} X \\ Y \end{pmatrix} \tag{3.2}$$

として投影される（図 3.16）．これは平行投影（orthogonal projection）と呼ばれる投影法であり，平行な線はその像も平行を保つなど物体の形状の歪みがないことから，製図などで用いられている．

このような撮像モデルを用いて，実際の物体の像を生成することを考える．CSG 表現などの形状モデルを用いて物体を定義し，それらから画像を生成しようとするとき，物体の形状を定義するための座標系と，物体同士の位置関係を定義するための座標系は別々の方が便利である場合が多い．前者を物体座標系，後

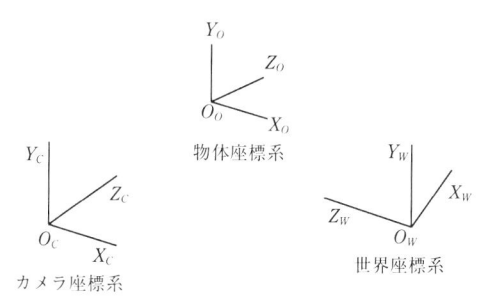

図 3.17 3つの座標系

者を世界座標系と呼ぶ．したがって，実際に物体の像を生成する場合，これらと投影のためのカメラ座標系の3つの座標系間の座標変換が必要となる（図3.17）．

いま，座標系はそれぞれ直交座標系とし，世界座標系を $O_W-X_WY_WZ_W$，物体座標系を $O_O-X_OY_OZ_O$ とする．世界座標系の原点 O_W からみた物体座標系の原点 O_O の座標を (X_T, Y_T, Z_T)，物体座標系の各軸に向かう単位ベクトルを $\boldsymbol{u}, \boldsymbol{v}, \boldsymbol{w}$ とするとき，物体座標系で定義された点 (X_O, Y_O, Z_O) は，世界座標系では

$$\begin{pmatrix} X_W \\ Y_W \\ Z_W \end{pmatrix} = \begin{pmatrix} u_1 & v_1 & w_1 \\ u_2 & v_2 & w_2 \\ u_3 & v_3 & w_3 \end{pmatrix} \begin{pmatrix} X_O \\ Y_O \\ Z_O \end{pmatrix} + \begin{pmatrix} X_T \\ Y_T \\ Z_T \end{pmatrix} \tag{3.3}$$

となる．ただし，単位ベクトル $\boldsymbol{u}, \boldsymbol{v}, \boldsymbol{w}$ を次のように表した．

$$\boldsymbol{u} = \begin{pmatrix} u_1 \\ u_2 \\ u_3 \end{pmatrix}, \quad \boldsymbol{v} = \begin{pmatrix} v_1 \\ v_2 \\ v_3 \end{pmatrix}, \quad \boldsymbol{w} = \begin{pmatrix} w_1 \\ w_2 \\ w_3 \end{pmatrix}$$

2) モデリング変換

一般に，CSG 表現などで用いられるプリミティブは，物体座標系において単位となる大きさをもった物体として定義される．例えば，立方体は1つの頂点を原点に置かれ，各座標軸に沿った辺の長さが1の単位立方体として表現され，球は原点を中心とした単位球で表される．したがって，複雑な形状を表現するためには，これらのプリミティブを移動や回転・変形させる必要がある．

まず，物体を移動させるには，多面体の各頂点を同じ量だけ移動させればよいから，元の頂点の座標を (X, Y, Z)，その移動ベクトルを (X_s, Y_s, Z_s) とする

と，移動後の座標 (X', Y', Z') は

$$\begin{pmatrix} X' \\ Y' \\ Z' \end{pmatrix} = \begin{pmatrix} X \\ Y \\ Z \end{pmatrix} + \begin{pmatrix} X_s \\ Y_s \\ Z_s \end{pmatrix}$$

で表される．

次に，X 軸を中心とした θ_x の回転は，

$$\begin{pmatrix} X' \\ Y' \\ Z' \end{pmatrix} = \begin{pmatrix} 1 & 0 & 0 \\ 0 & \cos\theta_x & -\sin\theta_x \\ 0 & \sin\theta_x & \cos\theta_x \end{pmatrix} \begin{pmatrix} X \\ Y \\ Z \end{pmatrix}$$

となり，同様に Y 軸，Z 軸に関する回転はそれぞれ

$$\begin{pmatrix} X' \\ Y' \\ Z' \end{pmatrix} = \begin{pmatrix} \cos\theta_y & 0 & -\sin\theta_y \\ 0 & 1 & 0 \\ \sin\theta_y & 0 & \cos\theta_y \end{pmatrix} \begin{pmatrix} X \\ Y \\ Z \end{pmatrix}$$

$$\begin{pmatrix} X' \\ Y' \\ Z' \end{pmatrix} = \begin{pmatrix} \cos\theta_z & -\sin\theta_z & 0 \\ \sin\theta_z & \cos\theta_z & 0 \\ 0 & 0 & 1 \end{pmatrix} \begin{pmatrix} X \\ Y \\ Z \end{pmatrix}$$

と表される．

また，物体の変形は次の3次元アフィン変換で表されることが多い．

$$\begin{pmatrix} X' \\ Y' \\ Z' \end{pmatrix} = \begin{pmatrix} a_{11} & a_{12} & a_{13} \\ a_{21} & a_{22} & a_{23} \\ a_{31} & a_{32} & a_{33} \end{pmatrix} \begin{pmatrix} X \\ Y \\ Z \end{pmatrix} + \begin{pmatrix} U \\ V \\ W \end{pmatrix}$$

ただし，

$$\begin{vmatrix} a_{11} & a_{12} & a_{13} \\ a_{21} & a_{22} & a_{23} \\ a_{31} & a_{32} & a_{33} \end{vmatrix} \neq 0$$

とする．このアフィン変換により，任意の三角形間の変換が可能となる．

このように，物体を変形させたり，移動させたりすることをモデリング変換と呼ぶ．これらのモデリング変換は，最初の物体を定義する場合だけでなく，3次元アニメーションなどのように，定義した物体を時間とともに移動・回転させた

c．照明のモデル化

中心投影や平行投影により投影された物体は，形状が正しく投影されているだけであって，リアリティのある色や明るさの情報を計算するためには，その陰影を生じる物理現象をモデル化する必要がある．そのためには，照明（光源）をモデル化するだけでなく，物体表面における光の反射，物体内部における光の透過などの物理現象もモデル化することが必要となる．

1） 光　源

光源とは光を放射する領域であり，実世界では自然の光源と人工的な光源に分類できる．自然光源としては太陽が代表的な光源であり，人工光源には電灯や炎などがあげられる．これらの光源から発せられている光はさまざまな波長の光を含む連続した分布となるが，それを計算機内で扱うことはむずかしいため，計算機内部では光の強さや色をディスプレイの表色系として用いられるRGB表色系[*1]で表す．そして光源は，その発光領域に応じて点光源と平行光源に大別できる．

[*1] 赤（Red），緑（Green），青（Blue）の三原色の和として色とその強さを表す．

点光源は空間内の一点から全方向に光を放射する光源であり，実際には発光している領域光源にも大きさがあるが，他の物体の大きさに比べて発光領域の十分小さくて無視できるものとする．このような点光源からの光は図3.18(a)のように広がりながら進む．一方，平行光源は図3.18(b)のように光をある一定の方向にのみ放射する光源で，点光源が無限遠方に存在する場合とみなすことができる．一般に部屋の天井の電球，街路灯などは点光源として扱うことが多く，太陽光線はほぼ平行であることから，太陽は平行光源として扱われる．ほかにも線光源や面光源，形状を立体光源なども用いられることもあるが，点光源や平行光源に比べて処理が複雑になる．

2） 光の反射，透過，屈折現象

このような光源から発せられた光は，物体の表面で反射・透過・

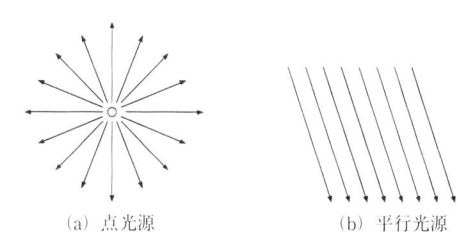

(a) 点光源　　　　　(b) 平行光源

図3.18　光源の種類

屈折などの現象を生じる．この反射や透過の特性は，光源の種類や向き，物体表面の向きや表面の特性，物体の材質，視線の方向によって決まる．実際の空間では物体からの反射光や透過光が他の物体の光源となりうることから，これを綿密に計算することは非常にむずかしい．そこで，実際の光は次の3つに分類されるとし，これらを合わせることにより物体の表面の色を決定する．

 ⅰ) 環境光（ambient light）
 ⅱ) 反射光（reflected light）
   鏡面反射光（specularly reflected light）
   拡散反射光（diffusely reflected light）
 ⅲ) 透過光（transmitted light）

以下にそれぞれについて解説する．

i) 環境光 環境光とは，その空間内に一様に分布する光であり，回折による光，壁や天井，他の物体からの反射光や透過光をすべてまとめたもので，その物体表面の位置や向きに関係なく一定であると考える．

環境光の強さを I_{amb} とし，物体の表面の環境光に対する反射率を r_{amb} とすると，物体表面における環境光による反射光の強さ I_a は

$$I_a = r_{amb} I_{amb} \tag{3.4}$$

で表される．

ⅱ) 反射光 反射光とは光源からの光が物体の表面などで反射された光であり，その現象の違いにより，鏡面反射光と拡散反射光に分類できる．鏡面反射光は，図3.19(a)のように物体の表面で反射する光であり，光源の色と同じ色が観測されるのに対し，拡散反射光は，図3.19(b)のように光がいったん物体内部に入り込み，再び物体表面から放射される光であるため，物体自身の色の光

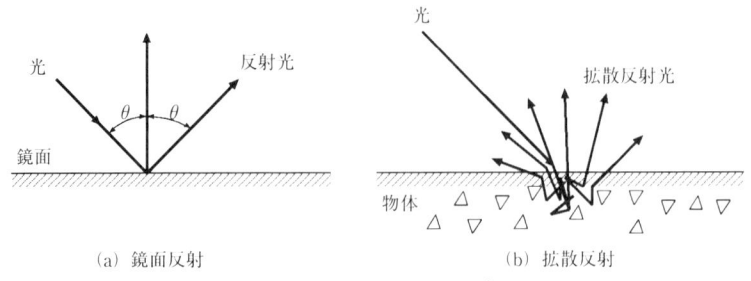

(a) 鏡面反射   (b) 拡散反射

図3.19 鏡面反射と拡散反射

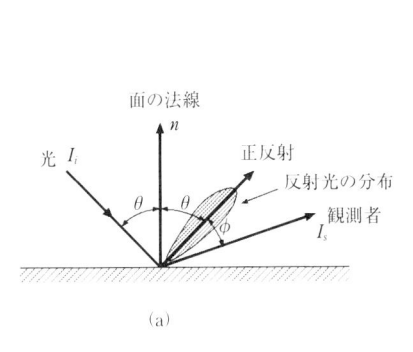

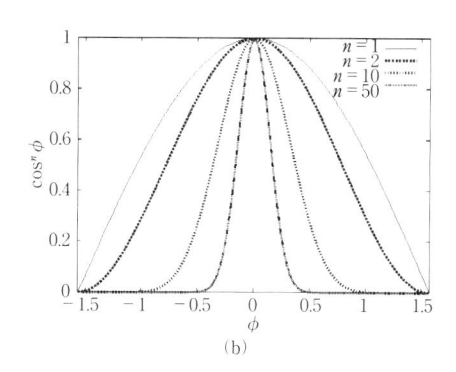

図 3.20 フォンのモデルによる鏡面反射(a)とその分布(b)

が観測される．

実際には，ほとんどの物体において鏡面反射光と拡散反射光の両方の光が観測される．金属やプラスチックなど表面のなめらかな物体は，実際にはその表面は完全な鏡面でなく微小な凹凸があるため，入射光は正反射の方向に最も強く反射し，その方向からずれるに従って急激に減少する（図 3.20(a)）．この反射光が視線方向と一致したとき，光源と同じ色をもつ強い反射光（ハイライト）が観測される．入射光の強さを I_i とし，物体の法線との角度を θ，正反射の方向と視線の方向との角を ϕ とすると，物体表面における反射光は

$$I_s = r_s(\theta) I_i \cos^n \phi \tag{3.5}$$

として計算できる．ここで $r_s(\theta)$ は鏡面反射率であり，入射角 θ の関数として表され，物体の材質により異なる関数となる．$\cos \phi$ の指数 n はハイライトの広がりを表しており，n を大きな値にすることにより金属表面のような鋭いハイライトを表現できる（図 3.20(b)）．この鏡面反射に関するモデルをフォン（Phong）のモデルと呼び，比較的簡単なモデルであることから，CG では広く用いられている．

一方，ハイライトを生じない物体，例えば木材や布などは，拡散反射による光のみが観測される．このとき反射光は，図 3.21 のようにすべての方向に一様に放射され，その強さは視線の方向に依存しない．いま，入射光の強度を I_i，入射角を θ とすると，この拡散反射光はランバート（Lambert）の余弦則

$$I_d = r_d I_i \cos \theta \tag{3.6}$$

を用いてモデル化される．ここで r_d は拡散反射率であり，物体の材質によって

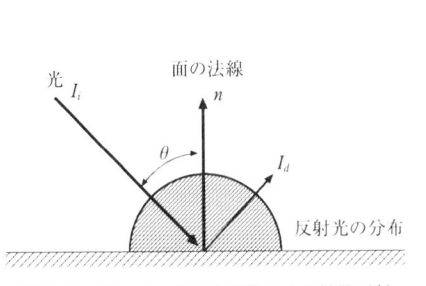

図 3.21 ランバードの余弦則による拡散反射

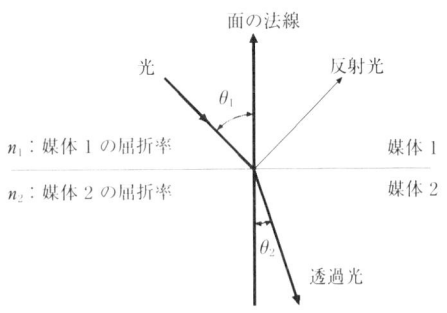

図 3.22 光の透過と屈折

異なる値をもつ．

iii) 透過光　物体が透明または半透明であれば光は通過する．そして，その透過後の光は物体の屈折率の影響により屈折したり，物体が特定の波長を吸収してしまう現象により色の変化を生じる．物体通過後の光の強さ I_t は

$$I_t = r_t r_{abs} I_i \tag{3.7}$$

で表される．ここで r_t は光の透過率を表し，r_{abs} は光が物体を通過する際に吸収されずに表面に到達する割合を表す．

いま，大気と物体のように，異なる屈折率をもつ空間が1つの面で接しているとき，その接合面に対する光の入射角を θ_1，その通過してきた空間の屈折率 n_1，接合面における屈折角度を θ_2，次の空間の屈折率を n_2 とすると，スネル（Snell）の法則

$$n_1 \cos \theta_1 = N_2 \cos \theta_2 \tag{3.8}$$

が成り立つ（図 3.22）．

以上のモデルをまとめると，不透明な物体上のある一点の明るさは，

$$I = I_a + I_s + I_d \tag{3.9}$$

として計算でき，その反射光の強さはその点の法線の方向に大きく依存していることがわかる．

このように，光源や物体の材質などをもとにして投影像内の各点の明るさや色を決める手法をシェーディング（shading）と呼ぶ．実際の投影面は有限サイズの2次元配列が用いられ，これをフレームバッファ（frame buffer）と呼ぶ．このフレームバッファ内の一点を画素（pixel）と呼び，x 軸に平行な画素の集まりを走査線（scanline）と呼ぶ．描画はこの画素単位で行われ，投影像の色や明

るさを求めることは，投影像に含まれる各画素における明るさや色を求めることになる．

物体が多面体である場合，各面の法線はその面上で一定であるから，その色や明るさも場所によらず一定となる．このように多面体の平面を一定の色や明るさで塗りつぶして陰影を表現する方法をコンスタントシェーディング（constant shading）と呼ぶ．曲面で構成されている物体の場合でも，多くの場合近似多面体で表現することが多い．このとき多面体で表現された形状モデルからなめらかな濃淡変化を求める必要があり，これをスムースシェーディング（smooth shading）と呼ぶ．代表的な手法として次の2つがある．

(1)　グーローシェーディング（Gouraud shading）
(2)　フォンシェーディング（Phong shading）

グーローシェーディングでは，次のように任意の点の輝度を求める．

(1)　多面体の各頂点において，その頂点が属する面の法線の平均値をその頂点の法線 $\boldsymbol{n}_V$ とする（図3.23(a)）．

$$\boldsymbol{n}_V = \frac{1}{N}\sum_{i=1}^{N} \boldsymbol{n}_i \tag{3.10}$$

(2)　得られた法線から頂点の輝度 I_V を求める．
(3)　頂点の輝度を線形補間して同じ走査線（$y=y_S$）上の異なる稜線上の二点 $P_L(x_L, y_S)$ および $P_R(x_R, y_S)$ の輝度 I_L および I_R を求める．

(a) 頂点の法線　　　(b) グーローシェーディング

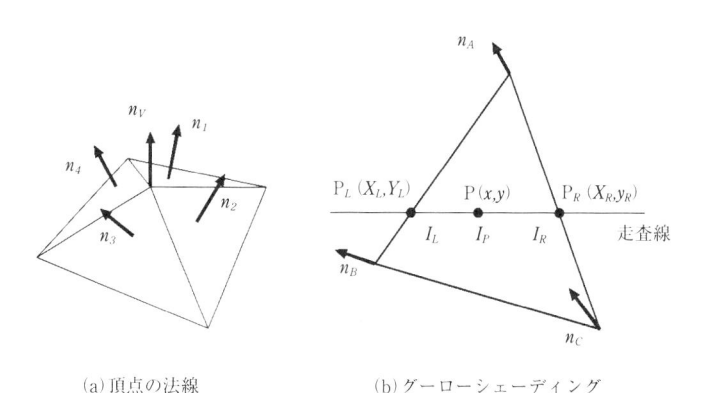

図3.23　頂点の法線の計算とグーローシェーディング

$$I_L = I_A \frac{y_S - y_B}{y_A - y_B} + I_B \frac{y_A - y_S}{y_A - y_B} \quad (3.11)$$

$$I_R = I_A \frac{y_S - y_C}{y_A - y_C} + I_C \frac{y_A - y_S}{y_A - y_C} \quad (3.12)$$

(4) その走査線上の任意の一点の輝度 I_P を I_L, I_R から線形補間する（図3.23(b)）．

$$I_P = I_L \frac{x_R - x_P}{x_R - x_L} + I_R \frac{x_P - x_L}{x_R - x_L} \quad (3.13)$$

これに対しフォンシェーディングでは次のように計算する（図3.24）．

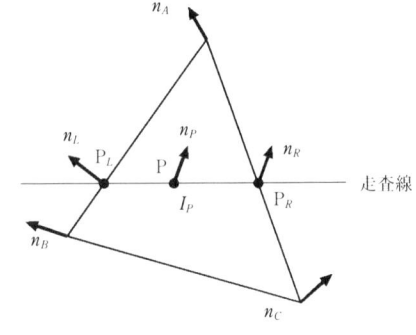

図3.24 フォンシェーディング

(1) 式(3.10)を用いて，その頂点が属する面の法線の平均値を計算し，それをその頂点の法線とする．

(2) 同じ走査線上の異なる稜線上の点 P_L, P_R の法線 $\boldsymbol{n}_L, \boldsymbol{n}_R$ を線形補間により求める．

(3) その走査線上の任意の点 P の法線 $\boldsymbol{n}_P$ を，$v_L, \boldsymbol{n}_R$ から線形補間して求める．

(4) 得られた法線 $\boldsymbol{n}_P$ により，その点における輝度 I_P を計算する．

グーローシェーディングでは，多面体の各頂点における法線しか計算しないため，法線の方向に大きく影響を受ける鏡面反射光成分が不自然になることがある．これに対しフォンシェーディングは各点において法線を求めているため，鏡面反射光成分もより精度よく計算できるが，法線ベクトルの計算に余分な時間がかかる．

d．隠面消去

前節までの手法を統合することにより，物体上の一点が投影された像の色や明るさを決めることができるが，実際のシーンでは奥にある物体は手前の物体に隠されることも多い．したがって，実際の描画の際には，このように面がみえるかみえないかを判定したり，みえない面を消したりする隠面消去の処理が必要となる．

代表的な隠面消去の手法にはペインタアルゴリズム，スキャンライン法，Zバッファ法などがあるが，ここではZバッファ法について説明する．

3.2 画像生成

Z バッファ法は，物体の投影像を格納するためのフレームバッファだけでなく，フレームバッファ上の一点と一対一に対応し，かつその点の Z 値を格納するための Z バッファ[*2] を用いて隠面消去する方法である．ここで Z 値とは視点（カメラ）からみた物体までの奥行き情報のことを指し，ある画素の色や明るさは，その画素を通り最も Z 値の近い物体から求めることができる．したがって，フレームバッファ内の各画素において，それぞれ最も近い Z 値の物体を描画することにより，矛盾のない隠面消去ができる．以下に手順を示す．

[*2] depth バッファとも呼ばれる．

(1) Z バッファのすべての画素を $+\infty$ に初期化し，同様にフレームバッファ内のすべての画素を背景色とする．

(2) シーン内のすべての物体のすべての面（多角形）に対して以下の処理を行う．

(ⅰ) 多角形の投影像を計算し，その像に含まれる画素領域を求める．

(ⅱ) 求められた画素領域の各画素に対し，Z 値を計算する．

(ⅲ) Z バッファの対応する位置の値に比べて，計算された Z 値が小さければ，その Z 値を新たに Z バッファに格納するとともに，フレームバッファの対応する位置の画素の明るさを計算する．もし，Z 値の方が大きければ何もしない．

この手法は他の手法と比べて計算量が多くなるが，処理がきわめて単純であることから，ハードウェア化されて実装されることも多い．

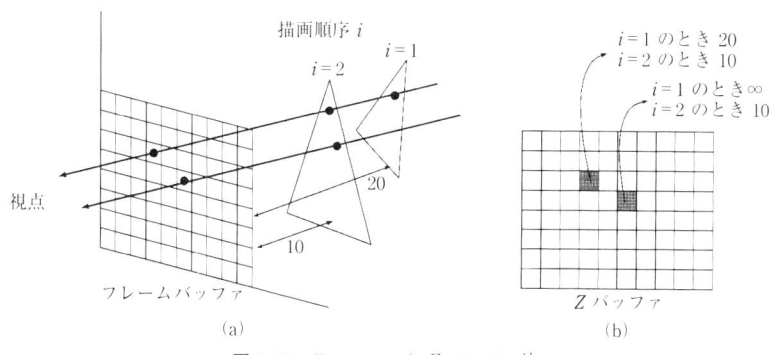

図 3.25 Z バッファと Z バッファ法

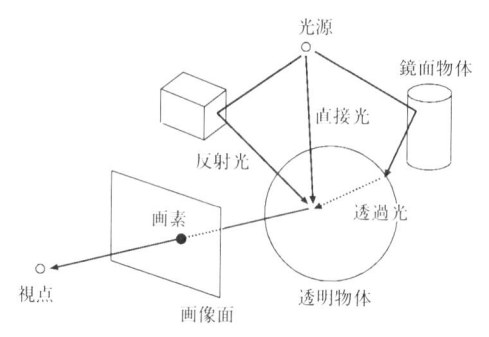

図 3.26 レイトレーシングの原理

e. レイトレーシング

前述のシェーディング法では,他の物体からの反射光を別の物体の入射光として扱うことができない.これに対しレイトレーシング(ray-tracing)は,隠面消去,シェーディング,映り込みのある鏡面反射を含む反射光の計算,透過屈折光の計算を効率よく行えるという利点をもつ.

レイトレーシングの原理は,その名前の通り,視点から画像面上の一点に向けて発せられた光線を追跡してその画素の色や明るさを計算することにある.もし光線が何も物体と交差しなければ,背景色とし,交差する物体が不透明な物体であれば,その物体の表面の色とする.また物体が透明な物体であれば,その表面において反射光と透過光に分離し,さらにそれらの光線を追跡していく(図3.26).その際,反射・屈折の回数が指定回数以上となるか,あるいは反射光や透過光の影響があるしきい値以下となるときに追跡を打ち切る.このような処理により,物体同士の映り込みもあるようなよりリアルな画像を生成することができる.レイトレーシングで生成された画像の例を図3.27に示す.

f. テクスチャマッピングとバンプマッピング

前述のシェーディング法やレイトレーシングによって表現可能な物体は,ガラ

図 3.27 レイトレーシング画像の例

スや金属，プラスチックなど一様な質感のものである．また表現可能な模様も格子模様のような幾何学的でかつ単純なものに限られる．実際の物体のもつ複雑な模様や質感を計算機上で扱えるようモデル化することはきわめてむずかしい．そこで，複雑な模様や質感をもつ物体を実際に撮影し，その画像を物体に貼り付けることによって，擬似的に複雑な模様や質感を表現することができる．この模様や質感を表す画像をテクスチャ（texture）と呼び，テクスチャを貼り付けることによって模様や質感を表現する手法をテクスチャマッピング（texture mapping）と呼ぶ．また模様ではなく法線の分布をマッピングさせて，物体表面の複雑な凹凸を擬似的に表現する方法をバンプマッピング（bump mapping）と呼ぶ．

通常テクスチャマッピングは，テクスチャ画像に図3.28に示すような0～1までの座標系を割り当て，切り出したいテクスチャ領域の座標と，実際に貼り付ける面の各頂点の3次元座標から，アフィン変換によりテクスチャを貼り付けることができる．一方，バンプマッピングは図3.29(a)のような曲面に対し，その法線を同図(b)のものに入れ換えて陰影を計算することにより，実際の形状は

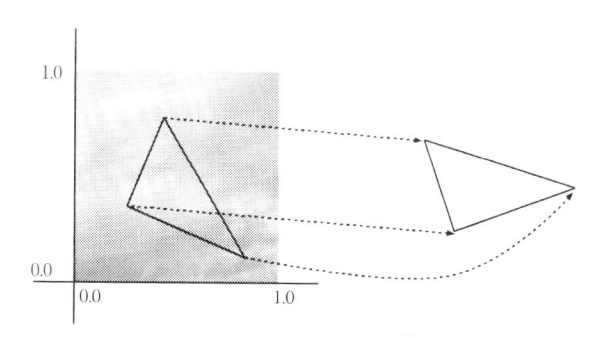

図3.28　テクスチャマッピング画像の原理

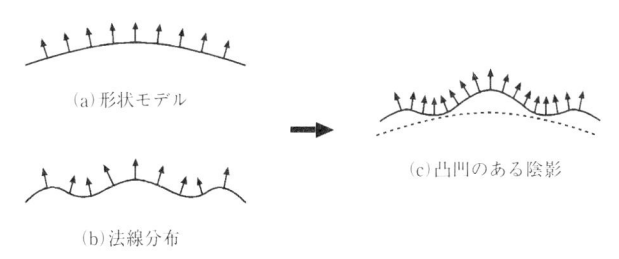

図3.29　バンプマッピングの原理

図 3.30 テクスチャマッピング画像の例(a)，バンプマッピング画像の例(b)

変化しないのにもかかわらず，その濃淡により凹凸感を表現することができる．テクスチャマッピングおよびバンプマッピングにより得られた画像を図 3.30 に示す．

g. 仮想現実感と複合現実感

仮想現実感（virtual reality）とは，コンピュータグラフィックスにより仮想的な空間の画像[*3]を生成してヘッドマウントディスプレイなどに投影し，人間があたかもその仮想的な空間にいるような現実感のある画像を生成するための方法である．仮想現実感はテクスチャなどの一部の情報を除いてすべての画像をコンピュータグラフィックスで生成し，仮想空間を表現する．これに対し，複合現実感（mixed reality）とは，現実世界のもつ豊かな情報と仮想世界の情報を融合して空間を表現することにより，より臨場感を増すことを目指している．複合現実感は，実画像のような実世界から得られる情報で仮想空間を補強する拡張仮想感（augmented virtuality）と，現実世界に立脚して仮想的な情報で補強する拡張現実感（augmented reality）とに大別される．複合現実感の応用の1つにバーチャルスタジオシステムがあり，これはカメラで撮影された人物などの像と仮想空間内の背景画像とを合成することにより，あたかも仮想的な空間に人物が存在するようにみせる手法である．一般的なバーチャルスタジオシステムの構成を図 3.31 に示す．多くの場合バーチャルスタジオは「ブルーバック」と呼ばれる背景の前で撮影を行い，カメラの向きや位置，ズームなどの情報は，スタジオ内あるいはカメラ自身につけたセンサによりリアルタイムで求めて，その情報を

3.2 画像生成

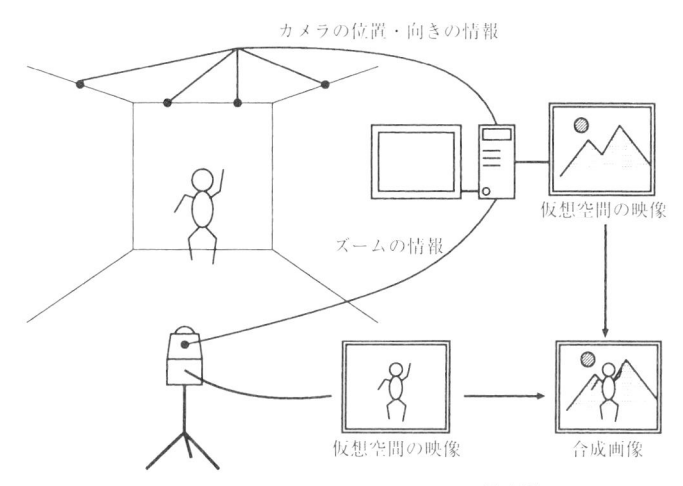

図 3.31 バーチャルスタジオシステムの構成例

図 3.32 カメラ画像(a)と合成画像(b)（画像提供：（株）朋栄 松永 力氏）

もとに計算機で仮想空間内の背景像を生成する．一方カメラで撮影された映像はクロマキー（chroma key）処理により背景映像が分離され，仮想空間の背景像と人物像が合成されて実際の映像となる（図 3.32 参照）．

[*3] 一般には，映像だけでなく音声情報や触覚情報も含む．

h． 画像生成のためのツールプログラミングと電子透かし

CG の技術は画像の生成以外にも物理現象のシミュレーションなどいろいろな分野で利用されている．このとき，目的の画像を生成するためにプログラミングが必要になることも多い．OpenGL はさまざまな OS 上で提供されている 3 D グ

ラフィックスライブラリであり，ハードウェアに依存せずにC言語でのソース互換性をもつことから現在広く利用されている．またOpenGLとほぼ同じインターフェース（API）をもつグラフィックスライブラリとしてMesaがフリーウェアとして開発されている．これはソースコードとともに公開されているため，ほとんどのUNIXベースのワークステーションで利用可能である．また，照明データや物体データを定義するだけで，レイトレーシングによる画像を生成するツールとしてPOV-Rayがあり，本章における画像の多くはPOV-Rayを利用している．

このようなツールやプログラムを使って生成するしないにかかわらず，計算機上で生成した画像はディジタル情報であるため，その複製はきわめて容易であり，複製の際の劣化もない．したがって，他人が生成した画像を容易に入手できるだけでなく，再び他人に渡すことも容易である．そこで，生成した画像の著作権を守るために，その生成した画像内に電子的な「透かし」を入れ，画像全体あるいは一部をコピーしたりしても，著作者が識別できるような手法が研究されている．これを電子透かしと呼び，この技術はWebページ上におけるコンテンツの保護など，急速に応用が広がっている．

3.3 画像認識

画像認識は，マルチメディア処理の重要な一翼を担う技術分野であるが，扱われる画像の種類により非常に多岐にわたっている．すなわち，扱う画像が1,0の2値画像であるか，濃淡のある多値画像であるか，あるいはカラー画像であるか，動画像であるかなどにより，処理の内容が大幅に異なってくる．本節では，このうち最も基本となる濃淡画像の静止画を対象として，その基本的な処理技術を厳選して紹介する．

さて，画像認識の処理プロセスを整理すると，図3.33に示すように，① 観測，② 前処理，③ 特徴抽出，④ 識別，からなる．またこのプロセス中の前処理から識別までの一部または全部の構造を，⑤ 学習というプロセスを通じて自動獲得することもできる．

① 観測とは，TVカメラなどを用いて外界の情報を計算機内部に取り込むことをいい，観測操作の上手下手がその後の画像認識処理の精度に決定的な影響を

3.3 画像認識

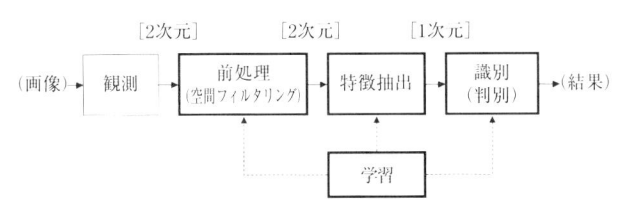

```
                [2次元]      [2次元]     [1次元]
(画像)→ 観測 →  前処理   → 特徴抽出 → 識別    →(結果)
              (空間フィルタリング)          (判別)
                            ↑          ↑
                           学習
```

図 3.33 画像認識のプロセス

与えることがしばしばあるが，本節ではこの観測操作には一切ふれない．

② 前処理とは，別のいい方をすれば空間フィルタリングであるが，これは最終結論を導き出すためには不必要とみなせる雑音成分を入力画像から抑圧したり，逆に結論を導きやすくするために重要箇所の振幅成分を強調したりする操作である．この操作では，図 3.33 に示したように，入力・出力とも次元が同じ，すなわち 2 次元画像で入力して 2 次元画像で出力されることに注意したい．本節ではこの前処理操作として，前半で雑音除去・平滑化フィルタリングを，後半で画像強調・辺縁抽出フィルタリングの代表例を取り上げる．

③ 特徴抽出とは，画像の性質を何らかの評価尺度によって数値表現するプロセスであるが，この数値を特徴量と呼ぶことにする．もちろん複雑な画像を少数の特徴量で数値表現することは一般的には無理であり，通常は数個から数十個と多数の特徴量から構成される 1 つのベクトルで表現されることが多い．このプロセスでは，入力が 2 次元であるのに対して，出力が 1 次元（のベクトル）で表現されることに注意したい．ところでどんな特徴量を抽出すればよいかに関しては，扱う対象や識別の目的に依存する要素が非常に強く，系統立てた説明のしにくい箇所であるが，本節では多くの画像認識実用機械でよく用いられている典型的な特徴量を簡単に紹介する．

④ 識別とは，上述の特徴量ベクトルを用いて入力画像が何を意味しているかを決定するプロセスである．どういう結論を得ようとするかは，設計者の目的によって異なる．すなわち，多数の人物写真が次々と提示された場合に，それが男か女かを識別することもあるし，日本人か外国人かを区別することもありうるであろう．それはあらかじめ設計者が決めるべき問題であり，それにより前処理，特徴抽出のやり方も微妙に異なってくる．本書では，得ようとする結論のそれぞれをクラス（男のクラス，女のクラスなど）と呼ぶことにする．この識別処理は理論的な検討が最もよく行われた部分であり，また画像認識に限らず，音声認

識，文字認識などにも共通的に適用できるプロセスである．本書では画像認識の基本技術として実用装置にもよく用いられる最短距離識別，統計的識別などを取り上げる．

最後に，⑤ 学習のプロセスとは何であるかについて述べよう．上述の ②～④ のプロセスは設計者の明確な意図のもとにその内部構造が決定されていくのに対して，⑤ は入力サンプルを大量かつ繰り返し学習させることよって計算機自身に内部構造を決定させるプロセスである．いわゆるニューラルネットワークがその典型例であるが，最初は意味のないランダム結合された機械に，学習させたいサンプルを計画的に繰り返し与えることにより，次第に意味のある出力が得られるように計算機の内部構造（結線状態）を少しずつ変更していくプロセスである．この学習機械も各種考え出されているが，ここでは最も基本的であり実用化例も多い3層構造ニューラルネットワークを，④ の識別に適用する例を取り上げる．

ところで画像認識の研究の初期段階には多くの失敗があった．その主たる原因は，画像という膨大な情報量をもつ対象から，それをわずか数ビットで表現できる少数のクラスに分類するという，極端なまでの情報圧縮操作のむずかしさにあり，この問題に対して研究者がやや安易に対処したからにほかならない．この誤りを繰り返さないためには，対象とする画像からいまどういう結論を引き出そうとしているのかという目的に沿って，そのために必要な特徴量が何であり，不要な雑音要素は何であるかをじっくり解析することが大切である．いままでに実用化された画像認識装置の例をみると，そこに用いられている特徴量などは驚くほど簡単な例が多い．ごくあたりまえの，何でもない特徴量なのであるが，そこに到達するためには非常に長い時間を費やして対象を注意深く観察し，いろいろの特徴抽出を試みたあげく得られたものであることに注意したい．

同様のことがニューラルネットワークの応用についてもいえる．ただたくさんのデータを集めて学習させれば，必ずよい結果が得られるなどという保証はない．計算機が何を学習しているのかはブラックボックスの中であるから，学習計画の立て方や学習結果の評価に十分注意を向けなければいけない．たとえていえば，子供に部屋と計算機を与えれば勉強してくれると安心して放置していてはいけないのであって，実は勉強などせず，ゲームにうち興じているかもしれないのである．

a. 前処理（空間フィルタリング）
1) 前処理（空間フィルタリング）のモデルとその基本操作

雑音除去・平滑化や画像強調を目的とした前処理（空間フィルタリング）には次の4つのモデルが考えられる．

① 線形定常モデル
② 線形非定常モデル
③ 非線形定常モデル
④ 非線形非定常モデル

このうち，① 線形定常モデルを式で書いてみよう．入力画像を $f(x, y)$，変換後の画像を $g(x, y)$，変換を施すフィルタ関数を $h(x, y)$ とすると，

$$g(x, y) = \iint h(\alpha, \beta) \cdot f(x-\alpha, y-\beta) d\alpha d\beta \tag{3.14}$$

である．この式では，フィルタ関数 $h(x, y)$ が画像のどの位置でも変化しない一定の関数であり（定常モデル），それを用いて積分演算（コンボリューション）が行われることに注意しよう．計算機の中では離散系の演算しかできないので，そのときの式は下記のように改められる．

$$g(i, j) = \sum_k \sum_l h(k, l) \cdot f(i-k, j-l) \tag{3.15}$$

すなわち，入力画像 $f(i, j)$ とフィルタ関数 $h(k, l)$ との積和演算の形で構成され，この演算形式から線形モデルと呼ばれる．

次に，② 線形非定常モデルというのは，式(3.14)と同様の積分形式で書けるが（線形モデル），ただフィルタ関数 $h(x, y)$ が場所により異なった値をもつモデル（非定常モデル）である．例えば，ガウス関数を用いて画像をぼかそうとする場合で，画面の中央ではぼかし量を少なくし，周辺にいくに従いぼかし量を増加させるなどの処理がこれに相当する．やや特殊な処理に属するので本項では取り上げない．

次に，③ 非線形定常モデルであるが，非線形であるので式(3.14)のようなきれいな形で一般式を書くことができない．しいて書くとすれば，フィルタ関数 $h(x, y)$ を入力画像 $f(x, y)$ に関して1次の項，2次の項（$f^2(x, y)$ の項）…と展開して書くことになろうが，この形で実際に用いられることはないので，式を書くことにあまり意味がない．ただこの非線形定常モデルは，メディアンフィルタやMinMax系フィルタなど有力なフィルタが多数存在するので，本項でもその

$h_{-1,-1}$	$h_{0,-1}$	$h_{1,-1}$
$h_{-1,0}$	$h_{0,0}$	$h_{1,0}$
$h_{-1,1}$	$h_{0,1}$	$h_{1,1}$

$-1 \leq k \leq 1$
$-1 \leq l \leq 1$

(a) 3×3 の $h_{k,l}$

1	1	1
1	1	1
1	1	1

(b) $h_{k,l} = 1$ for all k,l

図 3.34　空間フィルタの形状

代表例を取り上げることにする．また，④ 非線形非定常モデルは ② 同様特殊処理であるので省略する．

さて，① や ③ の処理を実際に計算機の中でどのように行うかを説明しよう．

ここで ① の処理は式 (3.15) を用いて行うことになるが，問題はフィルタ関数 $h(k, l)$ の決め方である．式 (3.15) の積和演算は時間がかかるのでできるだけ $h(k, l)$ を狭い範囲にとることが望ましく，結果的に図 3.34(a) に示すように 3×3 のマスクを用いることが多い（必ずしも常に 3×3 にとらわれることはないが）．このマスク内の値をどう設定するかにより異なったフィルタ関数を設計できるわけであるが，一例として図 3.34(b) に値がすべて 1 である平滑化フィルタを示す（その効果は後で示す）．

次にフィルタ関数 $h(k, l)$ を用いた空間フィルタリング操作を図 3.35 に示す．$h(k, l)$ を入力画像のすべての位置 α, β, γ などにもっていき，その点での式 (3.15) の演算結果を変換後の画像 $g(i, j)$ の対応する α, β, γ などへ埋め込むことで処理が完了する．

以上の操作は非線形フィルタリングの場合も似ている．非線形の場合は，式 (3.15) ではなく後に述べるように別の演算が定義されるが，図 3.34 のようなフィルタ関数を定義することや，図 3.35 のようなフィルタリング操作は同じである．

2)　**雑音除去・平滑化フィルタリング**

先にふれたように，膨大な情報量を有する画像を用いてクラス分類を行ううえ

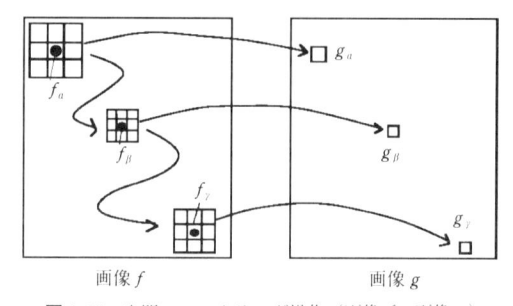

図 3.35　空間フィルタリング操作（画像 $f \to$ 画像 g）

でまず目につくのは不要な雑音成分の存在である．特に高周波雑音の影響を除去したいことは常に起こりうる．そこで高周波雑音除去の代表例として，① 平均化法，② メディアン法，③ MinMax 法について述べよう．このうち，②，③は非線形フィルタである．

i) 平均化法 線形フィルタの典型として，すでに図 3.34(b)に示したフィルタがある．重みがすべて 1 であるので，3×3 の中の平均値を求めていることになる（9 で割れば意味がいっそうはっきりするが，画像全体を 9 で割ることに特別の意味がなければそうする必要はない）．したがって，部分的に高周波成分ノイズがのっている場合にその影響を緩和することができる．

ii) メディアン法 非線形フィルタの一種である．3×3 など所定の大きさのマスク内に存在する原画像の濃度値を調べ，これを昇順（または降順）に並べる．そのうえで，順番の中央に位置する濃度値を変換後の画像濃度値として登録する．この処理の意味を図 3.36 で説明しよう．図は 3×3 よりももっと大きなマスクを想定すると考えやすい．図の横軸はマスク内部にある原画像の濃度値を示し，縦軸はその濃度値の発生頻度を示す．多くの場合，図のように θ 付近をピークとする山形の分布をする．値 θ はそれより左の面積 S_1 と右の面積 S_2 が等しくなる点として決めるならば，この値はマスク内の濃度値を昇順（または降順）に並べた場合の中央値とほぼ一致する．以上の説明から明らかなように，この方法では注目点の周囲の中で最も発生頻度の高い濃度値が選ばれる可能性が高いので，発生頻度がまれであって周囲とは振幅が極端に異なるノイズ成分などはきれいに削除できる．

iii) MinMax 法 これも非線形処理であり，メディアンフィルタと近い関係にある．メディアンフィルタ同様に所定サイズのマスク内に存在する原画像の濃度値を問題にする．図 3.36 において，メディアンフィルタは中央値 θ を採用したが，MinMax 系フィルタは濃度の最小値 θ_{min}，および最大値 θ_{max} を問題とする．また図 3.37 に示すように，処理は 2 段階のステップを踏む．まず原画像に対して適当なサイズのマスク（例えば，3×3）内での最小値を登録する作業を原画像の全域で実施し，中間画像を作成する．得られた中間画像に対

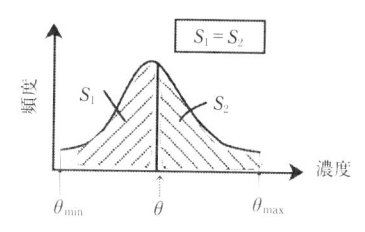

図 3.36 メディアンフィルタの原理

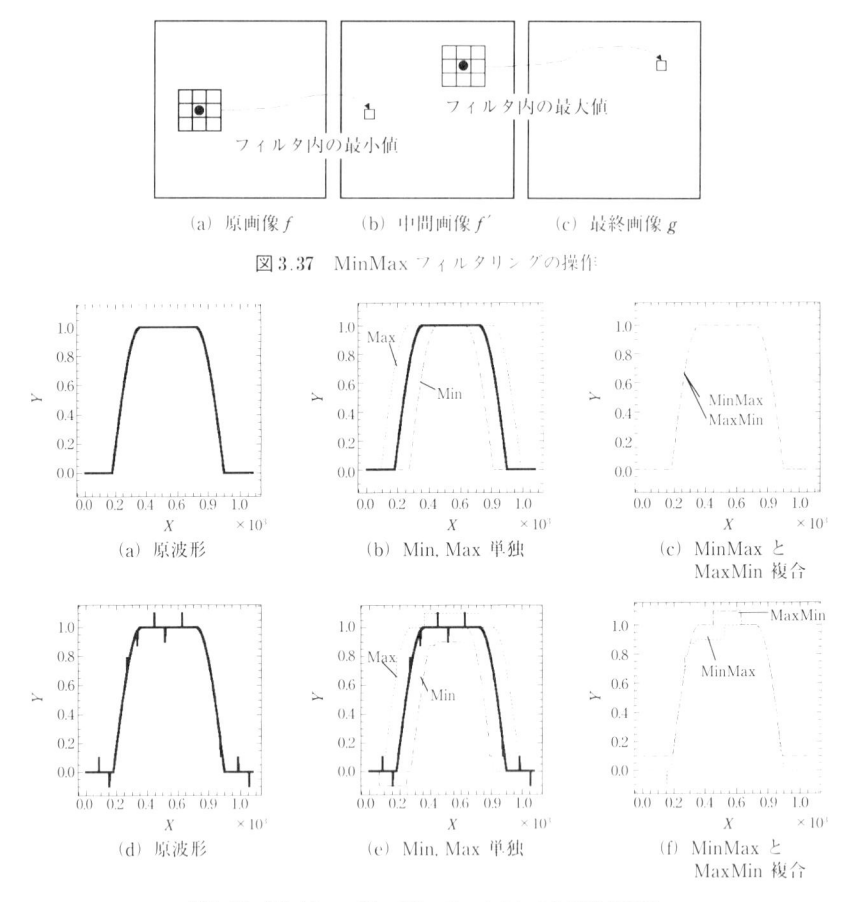

図 3.37 MinMax フィルタリングの操作

(a) 原画像 f　(b) 中間画像 f'　(c) 最終画像 g
フィルタ内の最小値　フィルタ内の最大値

図 3.38 MinMax, MaxMin フィルタによる波形処理例

(a) 原波形　(b) Min, Max 単独　(c) MinMax と MaxMin 複合
(d) 原波形　(e) Min, Max 単独　(f) MinMax と MaxMin 複合

して今度は同じサイズのマスク内での最大値を登録する作業を中間画像の全域で実施し，最終画像を得る．

　この処理の概念はややわかりにくいので，図 3.38 の 1 次元波形を例にとって説明しよう．1 次元波形であるので，マスクも 1 次元で処理している（この場合は 50×1 のマスク）．図 3.38 の(a)はノイズなし，(d)はノイズ入りの原波形を示す．この原波形にまずマスク内 Min 検出処理を施して中間波形 $f'=f_{\min}$ を求めたものが図 3.38(b), (e)の一点鎖線である．この処理により，勾配変化がある箇所では，原波形から下方へ下がった波形が作成されていることがわかる．ま

た，正方向のスパイクノイズが抑えられた波形がつくられることがわかる．この中間波形に対して今度はマスク内 Max 検出処理を施した波形 $g=f_{\mathrm{minmax}}$ が図 3.38(c)，(f)の一点鎖線である．中間画像 f_{min} の勾配部分を上方に移動させ，原波形に密着させる効果が読み取れ，もし負方向のスパイクがなければノイズのない原波形を相当忠実に再現するであろうことが予想できる（現にノイズレスの上段の波形では原波形を復元している）．なお，この処理結果波形は次のようにしても作成できる．入力波形を上限の傘とみなして，それに対して $n\times 1$ のマスクを下から押し上げながら横軸方向になぞっていって占有できる領域の上限値を求めればよい．

ところでここまでくると，Min と Max の順番を逆転させたくなる．それを行ったのが図 3.38(b)，(e)の f_{max} および(c)，(f)の f_{maxmin} である．今度は，中間波形 f_{max} が勾配部分で上方に移動し，また負方向のスパイクノイズを抑える効果が読み取れる．したがって正負両方のスパイクノイズを消去するためには Min-Max と MaxMin 処理をシリアルに操作するとよく，そうすることにより最終的にメディアンフィルタに近い結果が得られることが知られている．

なお，この MinMax 系フィルタ関連の研究は mathematical morphology と呼ばれる美しい理論体系に拡大整備され，しかも実用的にも効果の高いフィルタになっているので，さらに深く勉強したい人は関連図書を参照願いたい[1]．

iv) 画像による3フィルタの相互比較　実際の画像を用いて3種類のフィルタの性能を比較してみよう．

図 3.39 において原画像の 1，2 は点および線状のノイズのみが存在する場合を想定しており，3，4 は画像の境界部分（肩の部分）を，また 5 は濃度がなめらかに変化している部分を想定している．マスクサイズはどの手法においても 3×3 で構成している．

まず平均化法であるが（図 3.39(a)），①，②のノイズ成分に対して振幅値を下げる効果はでているが，反面ノイズの存在範囲を周囲へ広げる欠点を示している．また③，④の境界部分において肩がだれる効果を明確に示しており，最後の⑤の画像に対してもわずかではあるがだれる傾向は変わっていない．平均化法は簡単であるためよく用いられる方法ではあるが，このように画像がぼける欠点があることに注意したい．

これに対して，メディアン法（図 3.39(b)）と MinMax 法（図 3.39(c)）は

原画像

(a) 平均化法

(b) メディアン法

(c) MinMax 法

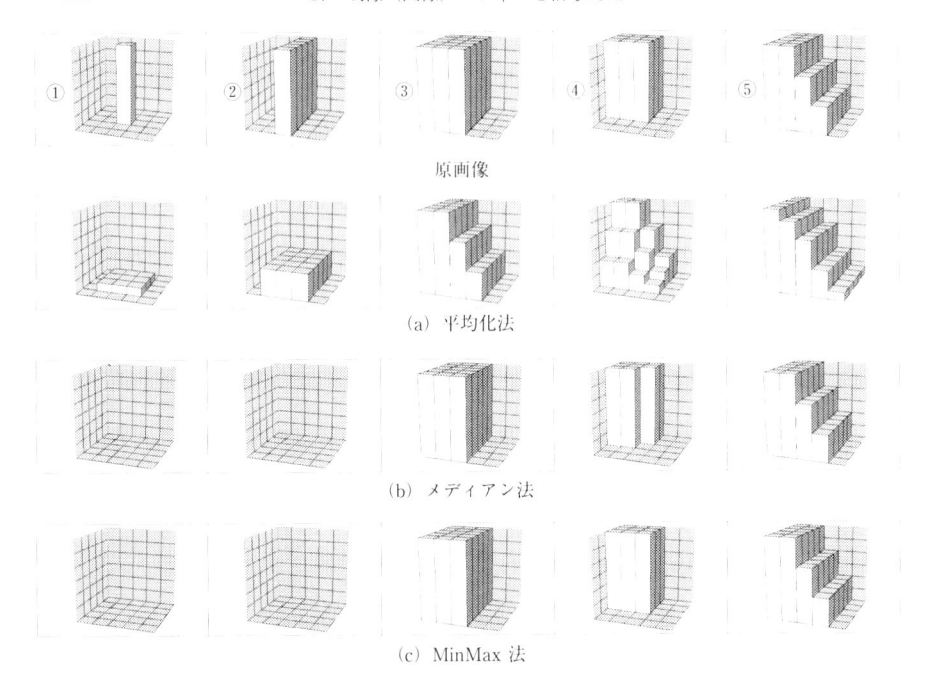

図 3.39 雑音除去・平滑化フィルタの比較

互いによく似た良好な性質を示している．

まず，ノイズ①，②に対してどちらもこれらをきれいに消し去っている．また③，④の画像境界部分ならびに⑤の緩やかな濃淡変化部分に対しては，原画像の性質をほぼそのまま再現している（この例では，④の画像の1ヵ所がメディアンフィルタで変化しているだけである）．このことからも非線形フィルタの代表として取り上げたメディアン法と MinMax 法のよさを知ることができよう．

次にメディアンフィルタが最も効果を発揮する例を図 3.40 に示そう．この図の(a)は白点，黒点を人工的にランダム付加した例であり（これをごま塩ノイズと呼ぶ），やや極端なノイズがのった例となっている．これにメディアンフィルタを適用した例が図の(b)である（この場合のマスクサイズは白，黒のドットサイズより大きめに調整してある）．この図から明らかなように，白，黒両ノイズとも大部分は見事に消去できており，複数ノイズが重なったところのみがわずかに除去できていないだけである．

(a) 原画像　　　　　　　　(b) 処理後

図 3.40　メディアンフィルタの適用例

3) 画像強調・辺縁抽出フィルタリング

雑音成分の除去・平滑化とは反対に，微小な信号成分や境界部分を強調するフィルタがある．その代表例として，ここでは，① 微分形フィルタ，② 2 次微分形フィルタ（ラプラシアン），③ MinMax 系フィルタ，を取り上げる．

i) 微分形フィルタ　　関数 $f(x)$ に対する微分の定義として，x の前後によって，

$$\nabla f(x)_1 = \lim_{\Delta x \to 0} \frac{f(x+\Delta x)-f(x)}{\Delta x} \sim \frac{f(x+\Delta x)-f(x)}{\Delta x} \tag{3.16}$$

$$\nabla f(x)_2 = \lim_{\Delta x \to 0} \frac{f(x)-f(x-\Delta x)}{\Delta x} \sim \frac{f(x)-f(x-\Delta x)}{\Delta x} \tag{3.17}$$

の 2 式が考えられ，それぞれに相当したフィルタ形状を決めることができるが，ここでは両者の和をとった，

$$\nabla f(x) = \frac{1}{2}\{\nabla f(x)_1 + \nabla f(x)_2\} = \frac{f(x+\Delta x)-f(x-\Delta x)}{2\Delta x} \tag{3.18}$$

で考えてみよう．分母の値は全体にかかる定数であるので省略し，また $\Delta x = 1$（画素）ととることにすると，式(3.18)を実現するフィルタは図3.41(a)の1×3のマスク形状となる（原画像にかかる重み係数がそれぞれ1，−1であり，しかも自分自身でなく，その両隣の画素が演算の対象となる）．

実際の画像は 2 次元であるので，空間的な 1 次微分は，

(a) 1次微分（1次元）

(b) 1次微分（2次元）　　(c) ソーベル微分

(d) 2次微分
（ラプラシアン）

図3.41　画像強調用線形フィルタ

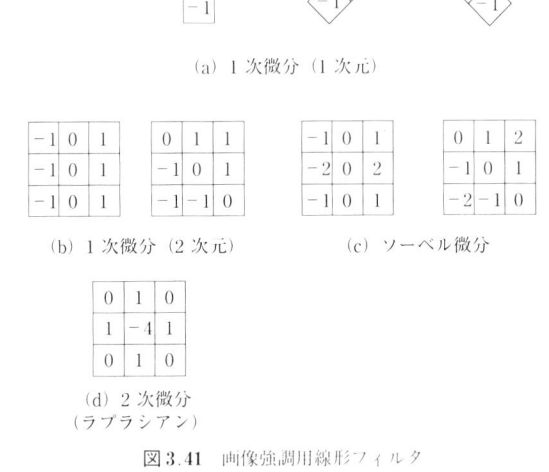

$$\nabla f(x, y) = \frac{\partial f(x, y)}{\partial x} u_x + \frac{\partial f(x, y)}{\partial y} u_y \quad (3.19)$$

なるベクトル表示となる．その大きさを g，方向を θ とすると，

$$g = \sqrt{\left[\frac{\partial f(x, y)}{\partial x}\right]^2 + \left[\frac{\partial f(x, y)}{\partial y}\right]^2} \quad (3.20)$$

$$\theta = \tan^{-1}\left[\frac{\partial f(x, y)}{\partial y} \bigg/ \frac{\partial f(x, y)}{\partial x}\right] \quad (3.21)$$

となる．

したがって，式(3.19)の第2項を計算するためには，図3.41(a)左端の図を90度回転させた3×1の上下方向マスクも必要である．また微分処理後の画像としては，g だけの画像を作成し，方向成分 θ の情報は省略される場合が多い（方向成分 θ のみを重視する画像処理手法もあるが）．

また，別の考え方として，画像の最急勾配方向をその点における微分値として採用する方法がある．その方が微分勾配に対する感度がよいことに起因しているが，この場合，さらなる感度向上をねらって45度方向の斜め方向マスクも用意し（図3.41(a)の右側の2つ），合計4つのマスク出力からの最大値をとることが多い（なおこの段階で，このフィルタは線形とはいいがたくなる）．

一方,図3.41の(b)に示すようにマスクを3×3の形状で定義することもよく行われる.図には水平方向と斜め45度方向の微分フィルタのみを示したが,実際にはそれぞれを90度ずつ回転させた4種類のフィルタを用意する.微分画像として式(3.20),(3.21)を用いる場合はこのうちの上下左右フィルタだけを用いればよく,また最大勾配値を微分画像として用いる場合には4フィルタすべてを用いてそのうちの最大値をとる.さて,このフィルタと図の(a)との違いは何であろうか? 図(a)を上下に3段重ねたわけであるから,上下3段の微分処理の平均値をとったということであり,微分処理に雑音除去のための平滑化操作が加味されたと考えることができる.

この平滑化効果をやや弱めることを目的とした改良系が,図3.41(c)のソーベルフィルタである.中心を通る線上の値を周囲より2倍高くして重要視しているだけのことであるが,このフィルタが案外効果的な場合が多く,愛用する研究者が多い.図3.41(c)には2種のフィルタしか示していないが,実際はこれを90度回転させたものを合わせて4種のフィルタを用い,その後の統合処理の仕方は(b)のフィルタと同様である.

ii) 2次微分形フィルタ 2次微分形フィルタ(別名ラプラシアンフィルタ,略号:∇^2フィルタ)の導出は下記のようにして行う.

2次元画像の2次微分の定義は,

$$\nabla^2 f(x,y) = \frac{\partial^2 f(x,y)}{\partial x^2} + \frac{\partial^2 f(x,y)}{\partial y^2} \tag{3.22}$$

である.一方,1次元 $f(x)$ の前後の微分は式(3.16),(3.17)であったから,$f(x)$ の2次微分は式(3.16),(3.17)相互の微分(差分)をとって分母を省略すると,

$$\nabla^2 f(x) = f(x - \Delta x) - 2f(x) + f(x + \Delta x) \tag{3.23}$$

となる.これを拡張すれば2次元の式(3.22)は,

$$\nabla^2 f(x,y) = \{f(x-\Delta x, y) + f(x+\Delta x, y) + f(x, y-\Delta y) + f(x, y+\Delta y)\} - 4f(x,y) \tag{3.24}$$

となることは容易にわかる.ここで $\Delta x = \Delta y = 1$ ととることにすると,式(3.24)を実現するフィルタ関数は図3.41(d)になることがわかる.

このフィルタのよい点は微分フィルタのような方向性がないことであり,したがって複数種類の最大値をとるといったわずらわしさがないことである.しかし

残念ながら雑音成分をかなり極端に強調し画像がざらつく欠点がある．これを防ぐためにあらかじめガウス関数によるぼかし処理を行い，その後に∇^2フィルタを掛けることがよく行われる．このフィルタをラプラシアンガウシアンフィルタ（略号：$\nabla^2 G$）と呼んでいる．

これを式で示すと以下の通りである．まずガウス関数$G(x, y)$は，

$$G(x, y) = \exp\left(-\frac{x^2+y^2}{2\pi\sigma^2}\right) \tag{3.25}$$

であり（σは分散），この結果に式(3.24)で示したラプラシアンを掛ける．このとき，どちらのフィルタも線形であるので，実は統合することができる．すなわち，

$$\nabla^2[G(x, y)*f(x, y)] = [\nabla^2 G(x, y)]*f(x, y) \tag{3.26}$$

となり（＊はコンボリューション），また統合後のフィルタ形状は，

$$\nabla^2 G(x, y) = \left(\frac{\partial^2}{\partial x^2} + \frac{\partial^2}{\partial y^2}\right)\exp\left(-\frac{x^2+y^2}{2\pi\sigma^2}\right) = \frac{r^2 - 2\sigma^2}{2\pi\sigma^6}\exp\left(-\frac{r^2}{2\sigma^2}\right) \tag{3.27}$$

となる．ここで，$r^2 = x^2 + y^2$であり，この$\nabla^2 G$フィルタの形状は図3.42(a)のようになる．このフィルタは回転対称系であり，図中のゼロ交叉の幅wは$w = 2\sqrt{2}\sigma$である．

このフィルタによる画像境界線抽出の原理を図3.42(b)を用いて説明しよう．図は説明を簡単化するために1次元波形で書いてある．図に示すようにxの正側で1，負側で0となるような波形があったとしよう．したがって，$x = 0$の位置が求めたい画像境界線の1点である．この波形をGフィルタでぼかすとやや

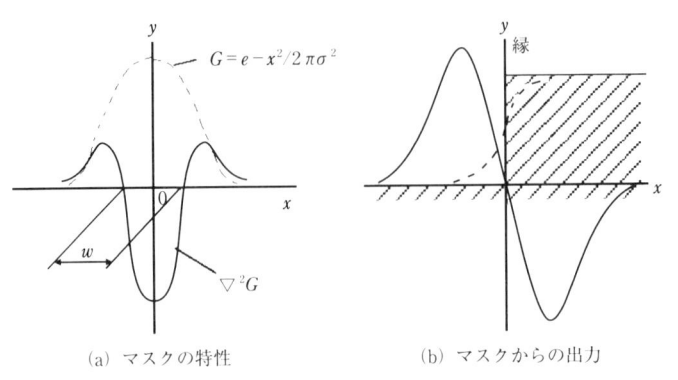

(a) マスクの特性　　　(b) マスクからの出力

図3.42　ラプラシアンガウシアン処理の原理

なめらかな曲線となり，その2次微分をとればxの負側で極大値，正側で極小値，$x=0$で$y=0$をとる曲線となる．したがって，$\nabla^2 G$フィルタを掛けた画像出力では，画像境界からわずかに離れた位置（図では，xの負側）で高い振幅値が得られることになる．

また画像境界位置をもっと正確にだしたい場合には，振幅が0となる点を抽出すればよいことは図から明らかであろう．このように振幅が0のところを抽出してこれを境界領域とみなす方法をゼロ交叉法と呼んでいる．

iii) MinMax系フィルタ　MinMax系フィルタにおける画像強調フィルタは各種のバリエーションがある．ここでもう一度図3.38をみてみよう．この図から画像の境界部分や，微少信号成分を強調するフィルタとして下記の5系統の演算が考えられる．

$$g_1 = f - f_{\min} \tag{3.28}$$

$$g_2 = f - f_{\text{minmax}} \tag{3.29}$$

$$g_3 = f_{\max} - f \tag{3.30}$$

$$g_4 = f_{\text{maxmin}} - f \tag{3.31}$$

$$g_5 = f_{\max} - f_{\min} \tag{3.32}$$

式(3.28)の演算は図3.38(b)をみるとわかりやすい．この図において，勾配のある部分で$f_{\min}$の波形が原波形より下側に離れていることは先に説明した．したがって，原画像との差をとれば勾配部分で差がでることは明らかであり，しかも勾配が急になるほどその傾向は激しくなる．このことから微分フィルタと似た傾向の境界線強調フィルタとなることが予想できる．

これに対して，式(3.29)はかなり異なった様相を呈する．図3.38(c), (f)から明らかなように，f_{minmax}は原波形にかなり密着しており，勾配部分でも原波形との差が少ない．大きな差異があるのはスパイク状のノイズ部分である．図3.38ではこれをノイズとみなしたが，扱う画像によってはこの部分こそ重要な信号成分であることも多い．例えばX線写真中の肺がん病巣部分であるとか，ナンバープレートの中の小さな文字を検出しようとするときなどがこれに相当する．そのような場合に式(3.29)は威力を発揮する．図3.38の例ではその効果がわかりにくいので，別の例を図3.43に示そう．この図の(a)は横隔膜付近にある肺がん病巣の原画像である．画像の中央に小さな病巣があるが，病巣周辺の振幅変動が激しいためよくわからない．一方，(b)はf_{minmax}画像であり，(c)が式

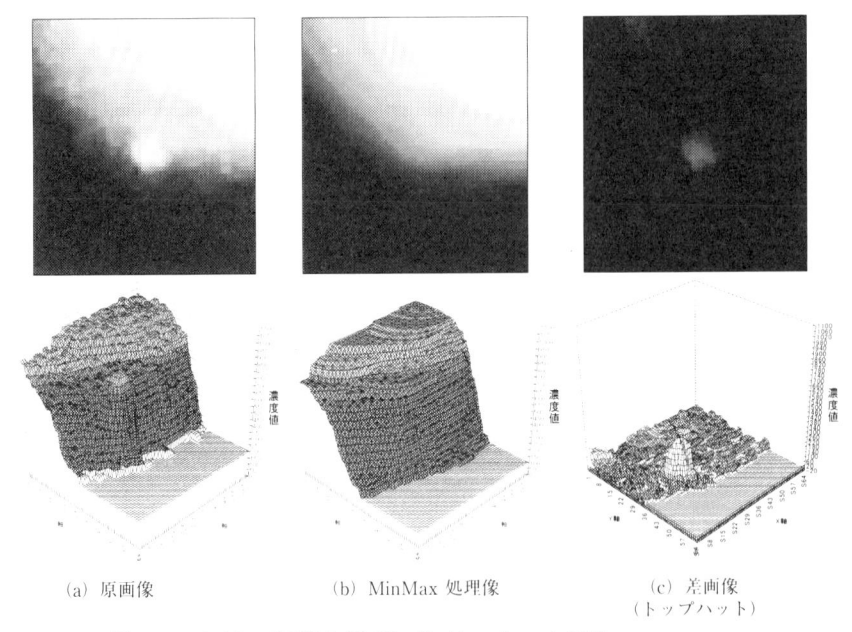

(a) 原画像　　　　　(b) MinMax 処理像　　　　(c) 差画像
　　　　　　　　　　　　　　　　　　　　　　　（トップハット）

図3.43　MinMax 系画像強調処理の例（トップハット処理）

(3.29)を適用した例であり，病巣部分がくっきりと浮かび上がっていることがよくわかる．これはすでに図3.39で説明したように，f_{minmax} 処理が画像濃度のなだらかな変化部分や画像の肩の部分での原画像保存性が高く，平均値法のようなぼけが生じにくいことをうまく利用した例になっている．

式(3.30)，(3.31)は式(3.28)，(3.29)の裏返しの処理となっているので（原波形の y 軸を上下逆さまにした処理），もはや説明を要しないであろう．

式(3.32)は原波形より上に存在する波形と下に存在する波形（図3.38(b)参照）との差をとっており，境界部分が式(3.28)，(3.30)以上に幅広に強調される傾向がある．

iv）画像による3フィルタの相互比較　以上の3系統のフィルタにおける画像境界線抽出能力を同一画像で比較しておこう．図3.44に結果を示す．この図では1次微分系を3種（いずれも4個のフィルタの最大値を採用），2次微分系を2種，MinMax 系を2種比較した．1次微分系の中では1次元マスクのときの境界線が細めの線として検出され，2次元マスクのときがやや太め（平滑

3.3 画像認識

(a) 原画像

(b) 微分画像 (1次元マスク)

(c) 微分画像 (2次元マスク)

(d) ソーベル微分画像

(e) ラプラシアン画像

(f) ラプラシアン-ガウシアン画像

(g) MinMax系 g_1 画像

(h) MinMax系 g_2 画像

図 3.44 画像強調フィルタの比較

化)の線として抽出される傾向が認められる．2次微分系は雑音がかなり多く観測され，ガウシアン処理によりこの傾向がやや緩和されることがわかる．Min-Max系では，g_3画像は(c)，(d)の微分画像と比較的よく似た形状をしているが，g_5画像ではかなり太めの線として抽出される傾向がある．

b．特徴量の抽出

特徴抽出は，画像の性質を適当な評価尺度のもとに数値表現するプロセスであり，この段階で2次元画像が1次元の数値列（1次元ベクトル）に変換される．先にも述べたように，どのような特徴量を抽出するとよいかは扱う画像と識別の目的によって異なってくる．例えば顔画像の認識を行う場合を例にとると，顔の外形輪郭線を抽出しておいて，その縦，横の外形寸法を計測するとか，目，鼻，口を個別に抽出したうえで目と鼻，目と口などの相互の相対位置を特徴量として計測することがある．あるいはさらに詳しく調べたいときには，目や鼻など局所的な形状を細かい特徴量で記述し，分類整理する．本項では後者の場合，すなわち画像中の局所的な特徴量を定量化するためによく用いられる代表的な例について，形状特徴量と濃度特徴量の2つに分けて簡単にふれる．

1) 形状特徴量

形状特徴量を計測するためには，あらかじめ画像中の特定小領域を自動抽出し，これを適当なしきい値で2値化する（問題とする領域部分を1，背景部分を0とする）．そのうえで，例えば以下のような特徴量が計測される（図3.45）．

① 面積：A
② 平均太さ：B
③ 円形度：C
④ 閉包度：D
⑤ 細長さ：E
⑥ 連結成分数：F

面積Aは説明を要しないであろう．平均太さBは，領域の周囲長（輪郭の長さ）lを計測し，その1/2を長方形の長辺と見立てて，短辺すなわち領域の太さを$2A/l$で近似したものである（平均太さの計算法としてはやや粗いが）．円形度Cは領域が円からどの程度近いかを計測するものであり，$C=l^2/A$で表される．形状が円に近づくほど相対的にlが減少しCは低い値をとる．

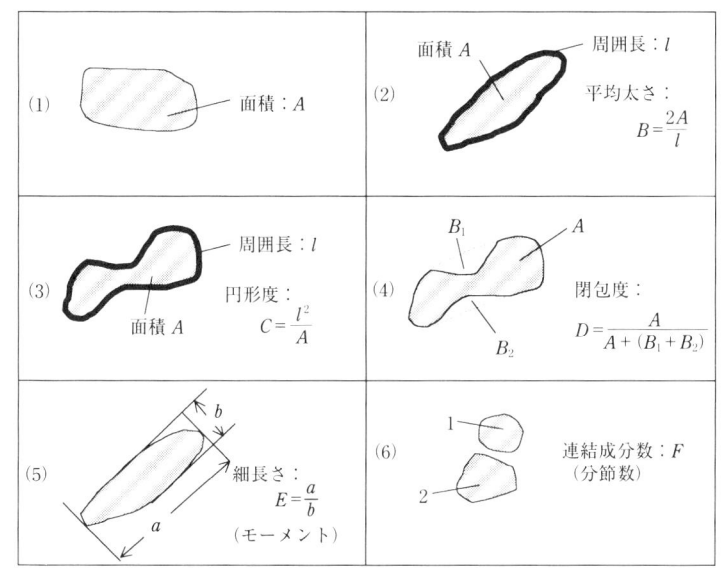

図3.45 特徴量の一例

閉包度 D は，領域を囲む最小の凸領域（これを凸閉包と呼ぶ）の面積と，元の面積との比である．あるいは両者の差を求めることもあり，境界の凹凸状態を計測する重要な測度となる．

細長さ E は形状の細長さの程度を計測するものであり，領域を取り囲む最小の長方形をフィッティングさせてその2辺の比を求める．これを正確に求めるためには図形の2次モーメントを用いる方法があるが，詳細は略す．

連結成分数 F とは，領域内が1つの連結された成分からなっているか，複数個の分離した成分からなっているかを計測するものである．

2) 濃度特徴量

濃度特徴量の計測においても，あらかじめ計測範囲を1)項の2値化画像の領域内に限定して不要な雑音成分の混入を避けることが多い．ただ，この場合は領域内部の濃度値を問題とするので，領域内は一定値1ではなく画像濃度値をそのまま用いる．

計測される特徴量としては，例えば，
(1) 平均濃度値
(2) 分散値

(3) FFT 変換後の特定周波数値

(4) 濃度共起行列

などがある．

　領域内の平均濃度値や分散値はこれ以上説明を要しないと思うが，これらの特徴量は非常に重要な情報として扱われる場合が多い．対象領域を 2 次元フーリエ変換して，ある特定周波数領域の値を選択的に計測することもよく行われる手段である．特に画像中に規則的な縞目などがある場合にはそれに対応する周波数成分で高い値が観測されるので，抽出しやすい特徴量となる（FFT を行う場合は背景部分を 0 にせず，$N \times N$ の領域の濃淡画像をそのまま使う）．濃度共起行列は画像の濃淡模様（テクスチャ）を計測する手段としてよく用いられる手法であるので，以下に詳しく述べよう．

　濃度共起行列は，画像中の 2 つの画素の濃度の発生頻度を調べることから始まる．一定距離 $\delta=(dx,dy)$ だけ離れた 2 画素の濃度がそれぞれ i,j であるとき，あらかじめ用意した $n \times n$ 行列 $F_\delta(i,j)$ の i 行，j 列に 1 を加算する（n は濃度レベル数）．図 3.46(a) の原画像に対して，$\delta=(1,0)$，すなわち水平方向隣同士の画素の濃度発生頻度を調べると図(c)になる．この図で例えば，$i=2, j=3$ の組合せ（濃度 2 の右側に濃度 3 がある頻度）は 5 回あるので，$F_{(1,0)}(2,3)=5$ と

(a) 原画像

(b) 変位 $\delta = (dx, dy)$

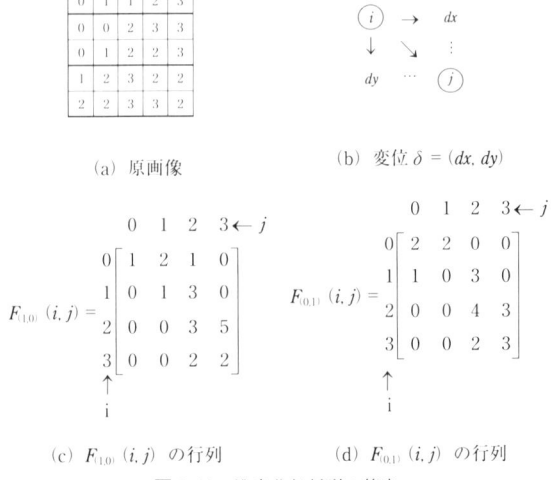

(c) $F_{(1,0)}(i,j)$ の行列

(d) $F_{(0,1)}(i,j)$ の行列

図 3.46　濃度共起行列の算出

なる（図中の行列の各要素 i, j は濃度値を示していることに注意しよう）．また $\delta = (0, 1)$，すなわち上下方向隣同士の画素の濃度発生頻度を調べると図(d)になる．

この図の例は，濃度が0から3までしかない場合であるが，実際の画像では例えば8ビット，$n=256$ 階調あるとすれば 256×256 の巨大な行列になる．したがって，計算時間を短縮するためにあらかじめ必要な濃度階調を一定範囲に限定したり，濃度を粗く再サンプリングしたりすることがある．また δ のとり方もいろいろ考えられるが，図のように前後左右ならびに45度方向の，それぞれ近傍1〜3画素程度離れた値を計測することが多い．

さて，濃度共起行列のままではまだ1つの特徴量とはいえないので，この行列を何らかの方法で1ないし2, 3の特徴量で表現したい．この表現手段としてHaralickは14種類の形式を提案しているが[2,3]，このうちよく用いられる4種類の式を示しておこう．

(1) 角モーメント

$$q_1 = \sum_{i=1}^{n} \sum_{j=1}^{n} F_\delta(i, j)^2 \tag{3.33}$$

(2) コントラスト

$$q_2 = \sum_{k=0}^{n-1} k^2 \left\{ \sum_{i=1}^{n} \sum_{j=1}^{n} F_\delta(i, j) \right\}_{|i-j|=k} \tag{3.34}$$

(3) 相関

$$q_3 = \frac{\sum_{i=1}^{n} \sum_{j=1}^{n} i \cdot j F_\delta(i, j) - \mu_x \mu_y}{\sigma_x \sigma_y} \tag{3.35}$$

(4) エントロピー

$$q_4 = -\sum_{i=1}^{n} \sum_{j=1}^{n} F_\delta(i, j) \log F_\delta(i, j) \tag{3.36}$$

ただし，

$$\mu_x = \sum_{i=1}^{n} i \cdot \sum_{j=1}^{n} F_\delta(i, j) \tag{3.37}$$

$$\mu_y = \sum_{j=1}^{n} j \cdot \sum_{i=1}^{n} F_\delta(i, j) \tag{3.38}$$

$$\sigma_x^2 = \frac{1}{n} \sum_{i=1}^{n} (i - \mu_x)^2 \cdot \sum_{j=1}^{n} F_\delta(i, j) \tag{3.39}$$

$$\sigma_y{}^2 = \frac{1}{n}\sum_{j=1}^{n}(j-\mu_y)^2 \cdot \sum_{j=1}^{n} F_\delta(i,j) \tag{3.40}$$

である．

c. 識　　別

　識別は，数値化された特徴量ベクトルを用いて入力画像が何を意味しているかを決定するプロセスである．ここでは，最短距離識別法，類似度法，統計的識別法，およびニューラルネットワークによる学習識別法について述べ，最後に血球分類の具体例を紹介しよう．

1) 最短距離識別法

　まず，入力画像を2つのクラスに識別する場合を取り上げよう．あらかじめ多数の既知画像を使って特徴量を分析し，クラス1に属する画像の平均的特徴量ベクトル $x^{(1)}$，およびクラス2に属する平均的特徴量ベクトル $x^{(2)}$ を求めておく．また未知の入力ベクトルを x としよう（図 3.47 参照．この図は特徴量が x_1, x_2 の2個からなる場合を示している．一般的には n 個の特徴量からなる n 次元空間で議論することになる）．それぞれのベクトルは個々の特徴量 x_i を成分として，$x=(x_1, x_2, \cdots x_n)$, $x^{(l)}=(x_1{}^{(l)}, x_2{}^{(l)}, x_n{}^{(l)})$, ($l=1$ or 2) である．

　このとき，未知画像 x と $x^{(l)}$ との距離を計算し，最短距離にあるクラスを入力画像の属するクラスと決定する．すなわち，x と $x^{(l)}$ 間の距離 $\delta^{(l)}$ の2乗は，

$$(\delta^{(l)})^2 = \sum_{i=1}^{n}(x_i - x_i{}^{(l)})^2 \tag{3.41}$$

であるので，その差を $g^{(1,2)}(x)$ とすると，

$$\begin{aligned} g^{(1,2)}(x) &= (\delta^{(1)})^2 - (\delta^{(2)})^2 = \|x-x^{(1)}\|^2 - \|x-x^{(2)}\|^2 \\ &= \{\|x\|^2 - 2(x, x^{(1)}) + \|x^{(1)}\|^2\} - \{\|x\|^2 - 2(x, x^{(2)}) + \|x^{(2)}\|^2\} \\ &= -2(x, (x^{(1)}-x^{(2)})) + (\|x^{(1)}\|^2 - \|x^{(2)}\|^2) \end{aligned} \tag{3.42}$$

となる．ここで，$\|x\|$ は x のノルムを，(a, b) はベクトルの内積演算を示す．また，

$$w^{(1,2)} = -2(x^{(1)} - x^{(2)}) \tag{3.43}$$

$$w_0{}^{(1,2)} = \|x^{(1)}\|^2 - \|x^{(2)}\|^2 \tag{3.44}$$

とおくと，式(3.42)は，

$$g^{(1,2)}(x) = (x, w^{(1,2)}) + w_0{}^{(1,2)} \tag{3.45}$$

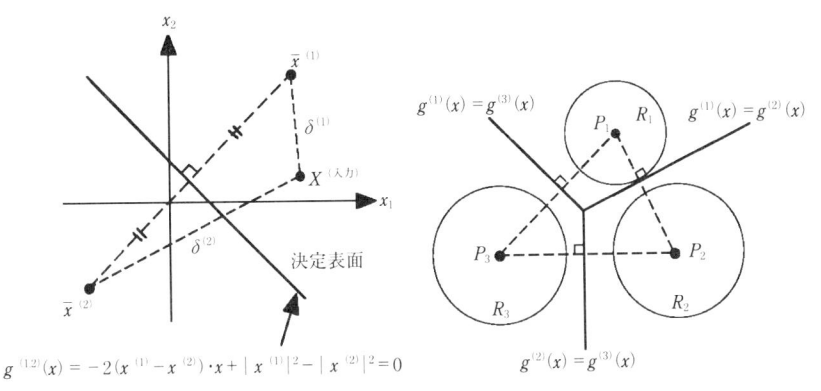

図 3.47 最短距離識別法の原理（2 クラスの例）　**図 3.48** 最短距離識別法の原理（多クラスの例）

となる．この式を用いて，

$$g^{(1,2)}(x) > 0 \quad \text{ならば} \quad x \text{ は } l=2$$
$$g^{(1,2)}(x) < 0 \quad \text{ならば} \quad x \text{ は } l=1$$

と決定するのが最短距離識別法である．

なお，入力 x と各クラス間の距離は本当は δ であるので，上記のような δ^2 で議論するのに違和感を覚えるかもしれないが，各クラスから最短の位置にある 1 つのクラスを選ぶという観点からは，δ でも δ^2 でも等価である．

ところで，

$$g^{(1,2)}(x) = 0 \tag{3.46}$$

とおくと，これが 2 つのクラスを分ける境界線になるが，この境界線（一般的には境界面）は式(3.46)が x に関して 1 次式であるので直線（平面）となる．このような識別関数を線形識別関数と呼ぶ．また，この場合の識別線（面）は，図に示すように 2 つのクラス中心の垂直二等分線（面）になる．

以上は，2 つのクラスを識別する場合であるが，これを 3 クラス以上の多クラス識別に拡張しよう．式(3.41)に戻って，入力 x とクラス l 間の距離 $(\delta^{(l)})^2$ は，

$$(\delta^{(l)})^2 = -2(x, x^{(l)}) + (\|x\|^2 + \|x^{(l)}\|^2) \tag{3.47}$$

であるが，この式の x^2 項の意味を考えてみよう．

1 つの未知パタン x について，それと最短距離にあるクラスを探す問題，すなわち，$\min_{l}\{(\delta^{(l)})^2\}$ なる l を探す問題で，x^2 の項は n 個のクラスとの計算で常に

共通に存在している．すなわち，式(3.47)の最小値を求めるうえでなんら寄与しない項であるので省略することができる．そこで，式(3.47)でx^2項を省いた式を改めて$g^{(l)}(x)$と書くことにすると，

$$g^{(l)}(x) = (x, w^{(l)}) + w_0^{(l)}$$
$$= \sum_{i=1}^{n} x_i w_i^{(l)} + w_0^{(l)} \tag{3.48}$$

$$\begin{cases} w^{(l)} = -2x^{(l)} = (-2x_1^{(l)}, -2x_2^{(l)}, \cdots -2x_n^{(l)}) \\ w_0^{(l)} = \|x^{(l)}\|^2 = \sum_{i=1}^{n}(x_i^{(l)})^2 \end{cases}$$

となる．この式を用いて，

$$g^{(l_0)}(x) = \min_l \{g^{(l)}(x)\} \tag{3.49}$$

なるl_0を入力のクラスと決定すればよいことになる．

　これが多クラスにおける最短距離識別関数であり，2クラス問題と同様の線形識別関数になっている．一例として3クラス識別の場合を図3.48に示す．それぞれのクラス中心相互の垂直二等分線（面）の組合せで識別面が形成されていることがわかる．

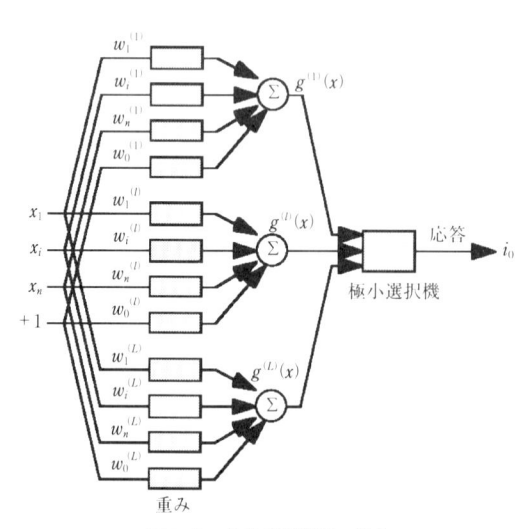

図3.49　線形識別機械の構成

次に上記識別関数のハードウェアイメージを図3.49に示す．未知入力xに対して，各クラスごとに重みwが用意され，それらの積和演算により各クラスの出力$g^{(1)}(x)$が得られ，最後に最小値検出器により，どのクラスから最小値がでてきたかが判明する回路となる．

ところで，1つのクラスに属する集合が複雑な分布をしており，例えば図3.50のように2つの塊（これをクラスタという）からなる場合はどうしたらよいであろう

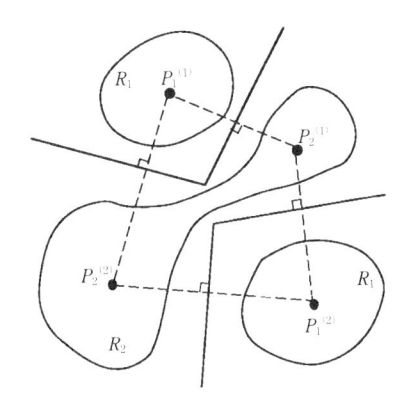

図3.50 区分的線形識別関数の構成

か？　この場合，もはや1本の直線で分離することは不可能である．仮に2つのクラスをそれぞれ2つずつ，合計4つのサブクラスに分離して，4つのサブクラスを識別することにすれば，図の4本の線形識別関数で十分である．このように各クラスを多数の単純な形をしたクラスタに分離して識別しておき，その後で同じクラスに属するものを統合することにすれば，複雑な分布をしたクラスを線形識別関数の組合せで識別できる．このような識別関数のことを区分的線形識別関数と呼ぶ．

問題は各クラスがどんな分布をしているかをどうすればわかるかである．特徴量が2個までなら図を書けば一目瞭然であるが，3個以上になるとそれを知ることは容易でない．方法としては，分布を自動的に単純なクラスタに細分化するクラスタ分析法を使うか，またはニューラルネットワークを使って自動的に学習させるかである．本項では後者の例を後で解説する．

2) 類似度法

最短距離識別法は簡単であるが欠点も多い．その点は後で統計的識別との比較でふれることになるが，その前にここでは類似度法にふれておこう．

図3.51(a)において，入力ベクトルxが何らかの理由によりx'に変化した場合を考えてみよう．例えば，特徴量として画像の濃度情報（振幅量）を主に使っているような場合で，画像を観測するときの照明条件が異なったような場合（明るさが大幅に変動した場合）にこのようなことが起きやすい．別の例としては，文字認識において入力文字の線幅が太くなったり細くなったりする場合に同じ現

(a) パターンマッチ (b) 類似度

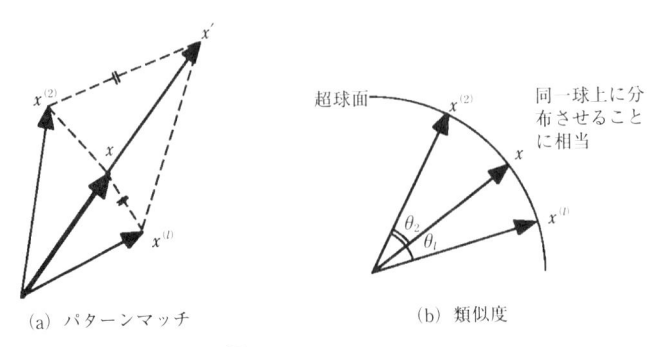

図 3.51 類似度法の原理

象が起きやすい．図 3.51(a) の場合，x の位置ではクラス 1 と識別され，x' の位置ではクラス 2 と識別されて不安定になる．このような場合には，図 3.51(b) に示すように特徴量ベクトルを単位長さ 1 の超球面上に射影してしまった方がよい．すなわち，特徴量ベクトルの角度 θ 成分，具体的には $\cos\theta$ を使う．このときの識別関数 $g^{(l)}(x)$ は，

$$g^{(l)}(x) = \cos\theta^{(l)} = \frac{(x, x^{(l)})}{\|x\| \|x^{(l)}\|} \quad (3.50)$$

であり，このような識別関数を用いることを類似度法という（統計学における相関係数と同じ概念である）．

この場合，$\theta = 0$，すなわち入力 x がクラス $x^{(l)}$ に一致したときに最大値 1 をとるので，最短距離識別法の場合とは逆で，

$$g^{(l_0)}(x) = \max\{g^{(l)}(x)\} \quad (3.51)$$

と $g^{(l)}(x)$ の最大値を探す問題になる．

なお，最短距離識別法において，あらかじめ入力 x，各クラス中心 $x^{(l)}$ をそれぞれのノルムで正規化し，

$$x' = \frac{x}{\|x\|}, \quad x^{(l)\prime} = \frac{x^{(l)}}{\|x^{(l)}\|} \quad (3.52)$$

なる x', $x^{(l)\prime}$ で表現し直して演算すれば，これは類似度法に一致する．このことは読者の宿題とするので，検算してみて欲しい．

3) 統計的識別法

i) 識別関数の一般形の導出　識別という判断作業には常に誤りをおかすかもしれないというリスクが伴う．したがって，この誤りをおかす確率を最小にす

る決定をしようという発想が生まれてくる．

いま，L 個のクラスを $C=\{c_1, c_2, \cdots c_k, c_l, \cdots c_L\}$ とし，未知画像 x が生起したときにそれがクラス c_k である事後確率を $P(c_k|x)$，クラス c_k に属している x を誤って c_l と決定したときの損失量を $\lambda(c_l|x)$ としよう．すると，x が生起したとき，これを c_l と決定した場合に受ける平均的損失量（痛手）$R(c_l|x)$ は，

$$R(c_l|x)=\sum_{k=1}^{L}\lambda(c_l|c_k)\cdot P(c_k|x) \tag{3.53}$$

となる．すなわち，x が生起したとき，その正しい答えが $c_1, c_2, \cdots, c_L$ である確率 $P(c_k|x)$ はそれぞれに存在しうるが，にもかかわらずこれを1つのクラス c_l と決定してしまうわけであるから，その決定で受けるダメージの大きさ，すなわち平均的な損失は上式で表されることは理解できるであろう．実際には決定の余地が，$c_1, c_2, \cdots, c_L$ の L 個あるわけであるから，その決定の中で損失が最小となるクラスを選択する．すなわち，

$$R(c_{l_0}|x)=\min_{l}\{R(c_l|x)\} \tag{3.54}$$

ならば x は c_{l_0} と識別する．このような考え方から統計的識別関数をつくることができる．

特別な場合として，損失 $\lambda(c_l|c_k)$ として，

$$\lambda(c_l|c_k)=\begin{cases}0 & (k=l)\\1 & (k\neq l)\end{cases} \tag{3.55}$$

の場合を考えてみよう．すなわち，正解である場合の損失を 0，不正解である場合はどのような誤りに対しても平等に損失 1 を与えるものとする．また確率の総和，

$$\sum_{l=1}^{L}P(c_l|x)=1 \tag{3.56}$$

であることから，式(3.53)は，

$$R(c_l|x)=\sum_{\substack{k=1,\\k\neq l}}^{L}P(c_k|x)=1-P(c_l|x) \tag{3.57}$$

となるので，$R(c_l|x)$ を最小にする問題は $P(c_l|x)$ を最大にする問題に置き換わる．

ところで，事後確率 $P(c_l|x)$ の具体的な形を知ることはむずかしいので，下記のベイズ（Bayes）規則を用いて式を変形しよう．

$$P(c_l|x) = \frac{P(x|c_l) \cdot P(c_l)}{P(x)} \tag{3.58}$$

ここで,

$P(x|c_l)$：クラス c_l が既知の場合に，その中から画像 x が生起する確率

$P(c_l)$：クラス c_l に属する画像が出現する確率

$P(x)$：画像 x の生起確率（特定のクラスによらない）

式(3.58)を(3.57)に代入すると,

$$R(c_l|x) = 1 - \frac{P(x|c_l) \cdot P(c_l)}{P(x)} \tag{3.59}$$

となる.

この式において，$P(x)$ や定数の1はある特定の入力画像 x に対して各クラスに共通項として計算されるので，大小関係の比較には寄与せず，省略することができる．したがって，これを削除した式を識別関数 $g^{(l)}(x)$ とし，以降 c_l を単に l と略記すると,

$$g^{(l)}(x) = P(x|l) \cdot P(l) \tag{3.60}$$

において,

$$g^{(l_0)}(x) = \max_l \{g^{(l)}(x)\} \tag{3.61}$$

ならば x を l_0 と識別する.

なお，実際には式(3.60)の対数をとり,

$$g^{(l)}(x) = \log P(x|l) + \log P(l) \tag{3.62}$$

を用いることが多い（最大値を問題にするので，式(3.60)の対数をとっても大小関係は変化しない）.

ii) 正規分布を仮定した場合の識別関数 式(3.60)または(3.62)は，確率分布 $P(x|l), P(l)$ の具体的な形が決まらないと使えない．そこで実用上は正規分布を仮定することになる.

変数 x が1つだけの1次元の正規分布 $P(x)$ は,

$$P(x) = \frac{1}{\sqrt{2\pi}\sigma} e^{-\frac{1}{2}\left(\frac{x-\mu}{\sigma}\right)^2} = \frac{1}{\sqrt{2\pi}\sigma} e^{-\frac{D^2}{2}} \tag{3.63}$$

ただし,

$$D^2 = \left(\frac{x-\mu}{\sigma}\right)^2 \tag{3.64}$$

である．ここで μ は平均値，σ^2 は分散である.

しかし n 個の特徴量のベクトル $\boldsymbol{x}$ を問題とするときには，多変数の正規分布を仮定する必要があり，そのときの式は下記のようになる．

$$P(X) = \frac{1}{(2\pi)^{n/2}|\Sigma|^{1/2}} \exp\left\{-\frac{1}{2}D^2\right\} \tag{3.65}$$

$$D^2 = (X-M)^t \cdot \Sigma^{-1} \cdot (X-M) \tag{3.66}$$

ただし，

$$X = \begin{pmatrix} x_1 \\ x_2 \\ \vdots \\ x_n \end{pmatrix} \tag{3.67}$$

$$M = \begin{pmatrix} m_1 \\ m_2 \\ \vdots \\ m_n \end{pmatrix} \tag{3.68}$$

$$\Sigma = \begin{pmatrix} \sigma_{11} & \sigma_{12} & \cdots & \sigma_{1n} \\ \cdots & \cdots & \sigma_{ij} & \cdots \\ \sigma_{n1} & \sigma_{n2} & \cdots & \sigma_{nn} \end{pmatrix} \tag{3.69}$$

この式は行列の形式で表現していることに注意しよう．なお，m_i は x_i の平均値，Σ は共分散行列であり，Σ^{-1} は Σ の逆行列である．

さて，確率分布 $P(x|l)$ として正規分布を仮定してみよう．すなわち，

$$\begin{aligned}P(X|l) &= \frac{1}{(2\pi)^{n/2}|\Sigma^{(l)}|^{1/2}} \cdot \exp\left\{-\frac{1}{2}D^{(l)2}\right\} \\ &= \frac{1}{(2\pi)^{n/2}|\Sigma^{(l)}|^{1/2}} \cdot \exp\left\{-\frac{1}{2}(X-M^{(l)})^t \cdot (\Sigma^{(l)})^{-1} \cdot (X-M^{(l)})\right\}\end{aligned} \tag{3.70}$$

なる分布の具体的形が多数の画像サンプルを使って調べられているとしよう．

このとき，式(3.62)の最適識別関数に上記式(3.70)を代入してみると，

$$\begin{aligned}g^{(l)}(x) &= b^{(l)} - \frac{1}{2}D^{(l)2} \\ &= b^{(l)} - \frac{1}{2}(X-M^{(l)})^t \cdot (\Sigma^{(l)})^{-1} \cdot (X-M^{(l)})\end{aligned} \tag{3.71}$$

ただし，

$$b^{(l)} = \log P(l) - \frac{n}{2}\log 2\pi - \frac{1}{2}\log |\Sigma^{(l)}| \tag{3.72}$$

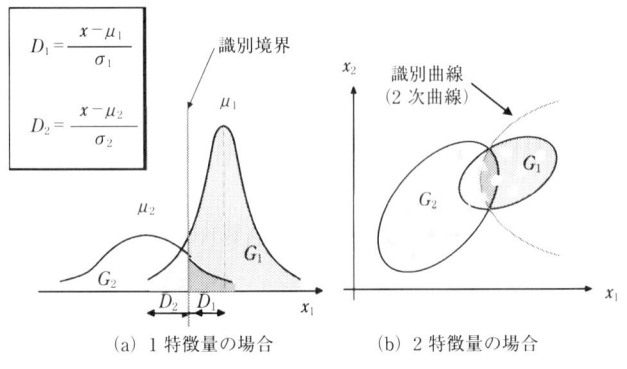

(a) 1 特徴量の場合　　(b) 2 特徴量の場合

図 3.52 統計的識別関数の境界線（面）

となる．ここで $b^{(l)}$ はクラス l に固有の一定値である．

式(3.71)をもう少し展開してみよう．すると，

$$g^{(l)}(x) = b^{(l)} - \frac{1}{2} X^t \cdot \sum{}^{(l)-1} \cdot X + X^t \cdot \sum{}^{(l)-1} \cdot M^{(l)} - \frac{1}{2} M^{(l)t} \cdot \sum{}^{(l)-1} \cdot M^{(l)} \quad (3.73)$$

となり，変数 x に関して 2 次関数になっていることがわかる．すなわち，平均的損失量を最小にするという考え方から出発し（損失量に簡単な仮定を設け），サンプルの分布に正規分布を仮定した場合の最適な識別関数は 2 次識別関数であることが判明した．

この識別関数の数はクラスの数 n 個分あるわけで，未知画像 x が入力された場合，それがどのクラスに属するかは，式(3.61)によって決定される．では，その決定境界面はどのような形になっているのであろうか？　一例として，特徴量の数が x_1, x_2 の 2 個であり，クラスの数も 2 個の場合を図 3.52(b) に示す．境界面は，

$$g^{(1)}(x) - g^{(2)}(x) = 0 \quad (3.74)$$

であり，両方のクラスから等確率となる点の軌跡である．$g^{(1)}(x)$ が x に関して 2 次であるので，境界は 2 次曲線（面）となる．

なお，式(3.72)において，各クラスごとの生起確率 $P(l)$ を一定値としてしまうことがしばしばある．すなわち，各クラスの発生頻度の違いを無視して平等に扱ってしまう場合である．例えば，文書中のアルファベットの発生頻度を調べると i, j などは頻度が高く，q, z などは低いが，そういった事実を無視して平等に扱ってしまう場合である．この場合の式を式(3.62)に戻って書き直すと，

$$g^{(l)}(x) = \log P(x|l) \tag{3.75}$$

となり，この場合を特に最尤法と呼ぶことがある．

iii) 最短距離識別関数との関係 ここで，最短距離識別関数との関係を調べておこう．

式(3.73)において，共分散行列 $\Sigma^{(l)}$ が l に無関係にすべて等しい場合を考えてみよう．すなわち各クラスの分布がすべて同じという特殊な場合である．この場合，第2項と $b^{(l)}$（式(3.72)）の第3項が l によらない共通項となるので，式(3.73)の最大値を求めるという観点からは省略して考えることができる．したがってこの場合の識別関数は，その他の定数項も省いて，

$$g^{(l)}(x) = X^t \cdot \Sigma^{(l)-1} \cdot M^{(l)} - \frac{1}{2} M^{(l)t} \cdot \Sigma^{(l)-1} \cdot M^{(l)} + \log P(l) \tag{3.76}$$

となる．この式にはもはや2次の項は存在せず，線形識別関数となっていることがわかる．この場合の例を特徴量が2個，クラスが2個の場合について書くと図3.53のようになる．図では，正規分布の形を楕円で示しており，2つのクラスの分布が同じ形をしていることに注意しよう（共分散行列が各クラスで等しいため）．

さて，分布にさらに厳しい条件を付与してみよう．すなわち，各クラスの共分散行列が等しいうえに，さらにこれが単位行列，すなわち $\Sigma = I$ である場合を考えよう．また $P(l) = 1/L$，すなわち各クラスごとの生起確率も等しいとしておく．このとき，式(3.76)の第3項は共通項として省略でき，また，逆行列 $\Sigma^{(l)-1} = 1$ となるので，

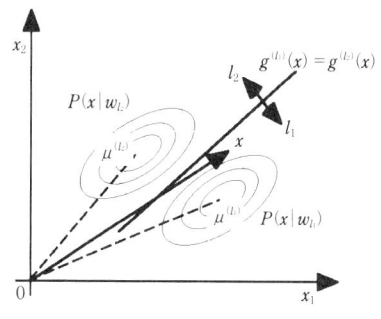

図3.53 同一分布間の識別関数

$$g^{(l)}(x) = X^t \cdot M^{(l)} - \frac{1}{2} M^{(l)t} \cdot M^{(l)} \qquad (l=1 \sim L) \tag{3.77}$$

となる．これが，最短距離識別関数の場合に対応している．なお，上式は行列表現しているが，最短距離識別関数は内積表現で示した．そこで，上式を内積表現に置き換えると，

$$g^{(l)}(x) = \left[(X, M^{(l)}) - \frac{1}{2} (M^{(l)}, M^{(l)}) \right] \tag{3.78}$$

となり，この式が最短距離識別関数(3.48)に一致することを読者自身で確かめて欲しい（符号ならびに係数に差がでるが）．

以上から明らかなように，最短距離識別関数は，統計的識別関数の非常に特殊な場合に相当していることがわかる．その条件とは，各クラスの共分散行列が等しい（全く同じ分布をしている）うえに，単位行列になっている（すなわち各特徴量が互いに独立であり，相互の相関がない）ということになる．もちろん，そのほかに各特徴量が正規化されている，各クラスの正規確率$P(l)$が等しいなどの付帯条件もつく．

このような現実には考えにくいほど厳しい条件下ではじめて最短距離識別関数は最適な識別関数になる（統計的識別の観点で）という事実は興味深い．なお，各クラスの共分散がすべて等しいという条件はなかなか現実にはむずかしいが，各特徴量を独立化することは可能である（身長と体重のように互いに相関のある特徴量の組から，相互に相関のない別の組を算出する手法）．この手法は統計学の分野では主成分分析法と呼び，パターン認識の分野ではKL展開と呼んでいるがその詳細は略す．

iv) マハラノビス距離による識別空間の図示 すでに図3.52に示したような特徴空間上の各クラスの分布を表示しようとしても，特徴量が2個またはせいぜい3個までであり，それ以上の特徴量をもつ空間を1枚の図で表示することはできないので，特徴量や識別関数の良し悪しを直感的に把握できないというもどかしさがある．そこで，特徴量そのものではなく，マハラノビス距離を用いて識別関数の良し悪しや，間接的に特徴量の良し悪しを推定する方法を考えてみよう．

ここでは簡単のためクラスを2個（例えば男と女，あるいは正常と異常）に限定して話を進めよう．2つの識別関数$g^{(1)}(x)$，$g^{(2)}(x)$の境界面の式は，式(3.71)，

(3.74) より，

$$\left\{b^{(1)}-\frac{1}{2}D^{(1)2}\right\}-\left\{b^{(2)}-\frac{1}{2}D^{(2)2}\right\}=0 \tag{3.79}$$

となる．あるいは，

$$D^{(2)2}=D^{(1)2}+2(b^{(2)}-b^{(1)}) \tag{3.80}$$

である．

すなわち，特徴量 x の代わりにマハラノビス距離 $D^{(1)2}$, $D^{(2)2}$ を2次元座標軸のそれぞれの変数とみなすと識別境界面をグラフ表示することが可能となる．このグラフ上では，統計的識別関数の境界面は45度の勾配を有する直線で表現されることになる．では $D^{(2)2}$ 軸を切る切片座標はどうなるであろうか？ それは，式(3.72)より

$$2(b^{(2)}-b^{(1)})=2\log\left(\frac{P(2)}{P(1)}\right)-\log\left(\frac{|\Sigma^{(2)}|}{|\Sigma^{(1)}|}\right) \tag{3.81}$$

となる．また $P(1)=P(2)$ を仮定する場合は，

$$2(b^{(2)}-b^{(1)})=-\log\left(\frac{|\Sigma^{(2)}|}{|\Sigma^{(1)}|}\right) \tag{3.82}$$

である．

一例を示そう．図3.54は10個の特徴量を用いて肺がん陰影と正常陰影の識別を行った例である．縦軸が肺がん陰影の分布中心からのマハラノビス距離，横軸が正常陰影の分布中心からのマハラノビス距離である．この図で実際に肺がん陰影であったものは◆で，また正常であったものは■で示している．また45度の直線は両者を識別する識別面を示している（実際の特徴空間では，識別面は n

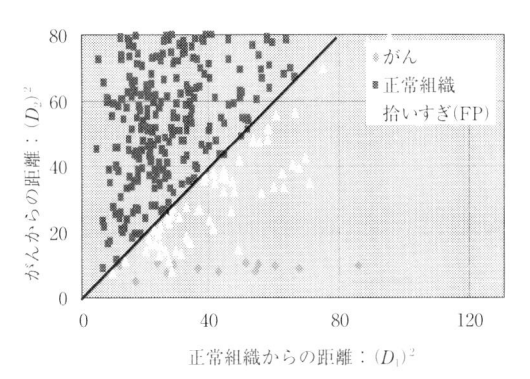

図3.54 マハラノビス距離識別の応用例

次元の2次曲面であることを思い出そう）．この直線上が異常と正常を区別する等確率分布線を示しているので，この直線より上が正常域，下が異常域と識別される．このグラフから，異常陰影が縦軸の低い位置に分布しているのはよいが，しかし正常サンプルが横軸の幅広い範囲に分布しており，正常サンプルに対する特徴抽出のあり方がまだ不十分であることが一目瞭然である（図で△で示したサンプルは正常サンプルを異常とみなした例であり，これがまだ多いことも問題である）．このようにマハラノビス距離を用いると特徴量の評価や識別関数の評価を直感的に行うことができて便利である．

なお，マハラノビス距離は，図3.52(a)に示すように，それぞれのクラスの共分散行列が異なっている場合に，各クラスごとにそれを正規化して計測した距離と考えることができる．すなわち2つのクラス間の境界面は両者からの確率分布が等しい点の軌跡として求められるが，確率を計算する代わりにあらかじめ各クラスごとに分布を正規化するような距離尺度すなわちマハラノビス距離 $D^{(1)}$, $D^{(2)}$ を定義しておけば，$D^{(1)}=D^{(2)}$ の点の軌跡として識別境界面が定まることを示している．

4) 多層構造ニューラルネットワーク

i) 学習アルゴリズム　　最短距離識別法の最後でふれたように，区分的線形識別関数は非常に威力のある方法であるが，問題は各クラスがどんな分布をしているかをどうすればわかるかであると述べた．そこで，ニューラルネットワークを使って区分的線形識別関数を自動的に学習させる方法を述べよう．ここでは，学習のアルゴリズムをまず概観してしまおう．

まず，図3.55に示すような生物のニューロンを単純化したモデルを考える．このニューロンには多数の入力信号 $y_{ki}^{(q-1)}$ があり，これに重み $w_{ji}^{(q)}$ が掛け算

(a) ニューロンモデル　　(b) シグモイド関数

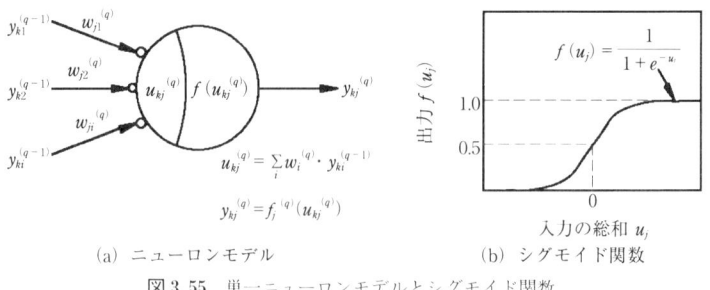

図 3.55　単一ニューロンモデルとシグモイド関数

されて総和 $u_{kj}{}^{(q)}$ を得る．式で書くと，

$$u_{kj}{}^{(q)} = \sum_i w_{ij}{}^{(q)} \cdot y_{ki}{}^{(q-1)} \tag{3.83}$$

である．なお，ここで添え字の k は第 k 番目の画像特徴量が提示されたときを意味し，添え字 j は後に述べる層状配置の中の j 番目のニューロンを意味する．また (q) は第 q 層に関する入出力を意味する．

ニューロン出力はこの $u_{kj}{}^{(q)}$ そのものではなく，図 3.55(b) のシグモイド関数 $f(u_j)$ と呼ばれる関数で変換を受けた後の値 $y_{kj}{}^{(q)}$ として出力される．すなわち，

$$y_{kj}{}^{(q)} = f_j{}^{(q)}(u_{kj}{}^{(q)}) \tag{3.84}$$

ただし，

$$f_j{}^{(q)}(u_{kj}{}^{(q)}) = \frac{1}{1+\exp(-u_{kj}{}^{(q)})} \tag{3.85}$$

である．

このニューロンモデルを図 3.56 に示すように多数，しかも層状に配置する．層状に配置したものを左から第 1 層，第 2 層，第 3 層などと呼ぶ．一般的には多数の層からなるネットワークが考えられるが，本書では最も基本である 3 層からなる場合のみを取り上げる．3 層の場合，第 1 層へは数値化された特徴量がそのまま入力される．したがって，この層を入力層と呼び，入力層におけるニューロ

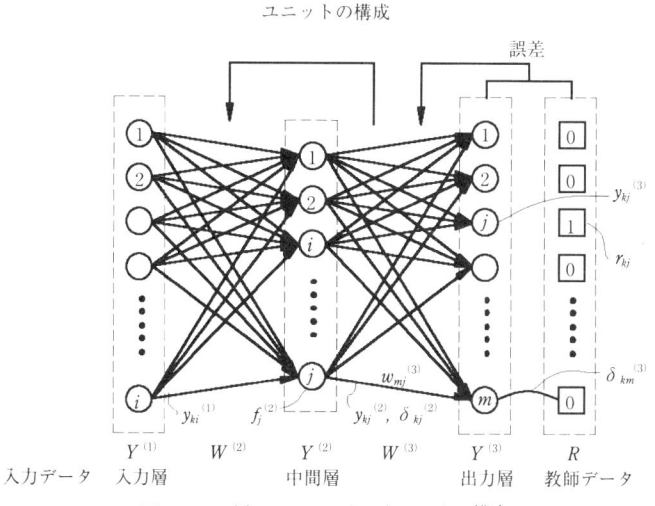

図 3.56　3 層ニューラルネットワークの構成

ンの数は特徴量の数に一致する(実は入力層への信号入力は1つのみであり,その重みも1,シグモイド関数も使用しないので,実際には第1層のニューロンはないも同然であり,第1層出力 $y_{ki}^{(1)}$ が特徴量の値そのものであるが,習慣上図のような書き方をする).

一方,第3層は最終出力を出す層であるので出力層と呼ばれ,この層におけるニューロン数はクラスの数だけ用意する.例えば正常と異常の2分類をしたい場合は2個のニューロンでよい.第2層は入力と出力の中間にあるので中間層と呼ぶが(4層,5層になっても,入力と出力以外の層をすべて中間層と呼ぶ),この層のニューロン数をいくつにするかは少々工夫がいる.なお,図には各ニューロンへの入力に重み w が書いていないが,実際にはすべての入力に重みがあることに注意しよう.また,各ニューロンからは次の層のすべてのニューロンと結線されている.

学習サンプルとしては,各クラスに属する典型的なサンプルを多数用意する.それらのサンプルを順番に,かつ繰り返し提示すると同時に,その答えを教師データ R として提示する.教師データは正しいクラスが1,それ以外はすべて0にする.さて,学習のスタート段階では,各ニューロンの重みは乱数を発生させるなどして適当な値を与えておくので,最終層出力と教師データの間に大きな誤差が発生する.そこでその誤差を縮小させるようにニューロンの重みを順次変更していく過程が学習過程である.その学習課程は下記のステップを踏んで実行される.

＊ステップ1:重み w_{ji} の初期値をセットする.小さな実数を用いる(例えば,−0.1〜0.1の範囲の一様乱数).

＊ステップ2:第 k 番目画像の特徴量ベクトルを入力し,これに対する各ニューロン出力を入力側から出力側に向かって順次計算する.計算式は,すでに式 (3.83)〜(3.85)に示した通りである.

＊ステップ3:出力層における誤差を計算する.最終層の第 j ニューロンの出力 $y_{kj}^{(3)}$(第 k 画像入力時)と,教師信号 γ_{kj} との誤差 $\delta_{kj}^{(3)}$ を下式で求める.

$$\delta_{kj}^{(3)} = (\gamma_{kj}^{(3)} - y_{kj}^{(3)}) f'_j{}^{(3)}(u_{kj}^{(3)}) \tag{3.86}$$

ここで,f' は f の微分である.

＊ステップ4:第2層第 i ユニットと第3層第 j ユニットの間の重み $w_{ji}^{(3)}$ を $\varDelta k_{ji}^{(3)}$ だけ変更する(第 k 画像特徴量が入力されたときの変更量であることに注

意). 変更式は次の通りである. なお, 変更前の時刻を t, 変更後の時刻を $(t+1)$ とする.

① $\quad w_{ji}^{(3)}(t+1) = w_{ji}^{(3)}(t) + \Delta_k w_{ji}^{(3)}$ \hfill (3.87)

$\quad\Delta_k w_{ji}^{(3)} = \eta \cdot \delta_{kj}^{(3)} \cdot y_{ki}^{(2)}$ \hfill (3.88)

η は定数で, 普通, 学習係数と呼ぶ. η は大きいほど収束速度が速くなるが, 反面振動気味となって収束が不安定になるので, $\eta=0.1$ 前後の値がよく用いられる. 以上の式がオリジナルの式であるが, これでも振動気味の不安定現象がでやすいため, 通常は下記の式が用いられる.

② $\quad w_{ji}^{(3)}(t+1) = w_{ji}^{(3)}(t) + \Delta_k w_{ji}^{(3)} + \alpha \cdot \Delta_k w_{ji}^{(3)}(t-1)$ \hfill (3.89)

右辺第3項は時刻 $(t-1)$ における誤差修正量を再度くわえ込んでおり, 結果的に時刻 $(t-1)$ の影響を強く残すので慣性項と呼ばれる. こうすることにより重みの変化がなだらかになり, 学習時の振動を起きにくくしている. α は定数で普通モーメンタムと呼び, $\alpha=0.8$ 前後の値を用いることが多い.

*ステップ 5：中間層（第 2 層）における誤差を計算する. 中間層第 j ニューロン出力 $y_{kj}^{(2)}$ がどの程度の誤差 $\delta_{kj}^{(2)}$ を含んでいるかはわからないと思うかもしれないが, 実は出力層での誤差情報を逆に伝搬させる形で推定することができる. すなわち,

$$\delta_{kj}^{(2)} = \left(\sum_m \delta_{km}^{(3)} \cdot w_{mj}^{(3)} \right) \cdot f_j'(u_{kj}^{(2)}) \hfill (3.90)$$

で求めることができ, この式の形からこの計算法を誤差逆伝搬法と呼ぶ. なぜこうなるかは後ほど述べる.

*ステップ 6：第 1 層第 i ニューロンと第 2 層第 j ニューロン間の重み $w_{ji}^{(2)}$ を $\Delta k_{ji}^{(2)}$ だけ変更する. 変更式は,

① $\quad w_{ji}^{(2)}(t+1) = w_{ji}^{(2)}(t) + \Delta_k w_{ji}^{(2)}$ \hfill (3.91)

$\quad\Delta_k w_{ji}^{(2)} = \eta \cdot \delta_{kj}^{(2)} \cdot y_{ki}^{(1)}$ \hfill (3.92)

である. または, 第 3 層のときと同様に慣性項を追加する場合は,

② $\quad w_{ji}^{(2)}(t+1) = w_{ji}^{(2)}(t) + \Delta_k w_{ji}^{(2)} + \alpha \cdot \Delta_k w_{ji}^{(2)}(t-1)$ \hfill (3.93)

で重みを変更する.

以上のステップ 2 からステップ 6 までを, 用意したすべての学習用画像 k に対して行う. しかし 1 回当たりの誤差修正量はわずかであるので, 入力との誤差が減少し収束状態に到達するまでには, 用意した全画像特徴量を数千回とか数万

回繰り返し繰り返し学習させる必要がある．なお，収束（停止）条件としては，全画像特徴量を提示したときの出力誤差の2乗和，$\sum_k \sum_j \delta_{kj}^{(3)}$ が指定値以下になったときなどとする．

ii) 学習アルゴリズムの理論的背景　誤差修正アルゴリズムの導出を行っておこう．考え方としては，ネットワーク出力と教師信号との間の2乗誤差の総和 E を暫時小さくするように修正する．すなわち，

$$E = \frac{1}{2} \sum_k \sum_j (\gamma_{kj} - y_{kj}^{(q)})^2 \tag{3.94}$$

において，E を最小化したい．これを実現するための逐次的方法として，誤差曲面の最急勾配方向に移動する方法（最急勾配法）を採用する．そこで，

$$E = \sum_k E_k \tag{3.95}$$

とおいて，

$$E_k = \frac{1}{2} \sum_j (\gamma_{kj} - y_{kj}^{(q)})^2 \tag{3.96}$$

すなわち，特定の特徴量 k の入力に対して，E_k を $w_{ji}^{(q)}$ で偏微分した値 $\partial E_k / \partial w_{ji}^{(q)}$ を用いて重みを下式のように補正することで，誤差を徐々に減少させることにする．

$$w_{ji}^{(q)}(t+1) = w_{ji}^{(q)}(t) - \eta \cdot \frac{\partial E_k}{\partial w_{ji}^{(q)}} \tag{3.97}$$

この式が最終的に式(3.87)や(3.91)になることを導く．

まず，出力層 ($q=3$) について，式(3.97)右辺第2項を具体的に展開してみよう．E_k と $w_{ji}^{(q)}$ とはかなり離れた位置関係にあるので，途中の変数を介在させて書き直すと，

$$\frac{\partial E_k}{\partial w_{ji}^{(3)}} = \frac{\partial E_k}{\partial y_{kj}^{(3)}} \cdot \frac{\partial y_{kj}^{(3)}}{\partial u_{kj}^{(3)}} \cdot \frac{\partial u_{kj}^{(3)}}{\partial w_{ji}^{(3)}} \tag{3.98}$$

と3つの項に分解できる．そこで各項をそれぞれ計算すると，

$$\frac{\partial E_k}{\partial y_{ji}^{(3)}} = -(\gamma_{kj} - y_{kj}^{(3)}) \tag{3.99}$$

$$\frac{\partial y_{kj}^{(3)}}{\partial u_{kj}^{(3)}} = \frac{\partial f_j^{(3)}(u_{kj}^{(3)})}{\partial u_{kj}^{(3)}} = f_j'^{(3)}(u_{kj}^{(3)}) \tag{3.100}$$

$$\frac{\partial u_{kj}^{(3)}}{\partial w_{ji}^{(3)}} = \frac{\partial}{\partial w_{ji}^{(3)}} \{\sum w_{jm}^{(3)} \cdot y_{km}^{(2)}\} = y_{ki}^{(2)} \tag{3.101}$$

となる．この3式を式(3.98)に代入すると，

$$\frac{\partial E_k}{\partial w_{ji}{}^{(3)}} = -(\gamma_{kj} - y_{kj}{}^{(3)}) \cdot f_j'{}^{(3)}(u_{kj}{}^{(3)}) \cdot y_{ki}{}^{(2)} \tag{3.102}$$
$$= -\delta_{kj}{}^{(3)} \cdot y_{ki}{}^{(2)}$$

ただし,
$$\delta_{kj}{}^{(3)} = (\gamma_{kj} - y_{kj}{}^{(3)}) f_j'{}^{(3)}(u_{kj}{}^{(3)}) \tag{3.103}$$

となる．これを式(3.97)に代入すれば，
$$w_{ji}{}^{(3)}(t+1) = w_{ji}{}^{(3)}(t) + \eta \cdot \delta_{kj}{}^{(3)} \cdot y_{ki}{}^{(2)} = w_{ji}{}^{(3)}(t) + \Delta_k w_{ji}{}^{(3)} \tag{3.104}$$

となる．ただし，$\Delta_k w_{ji}{}^{(3)}$ は式(3.88)で定義した通りであり，この結果修正アルゴリズムのステップ4の式が求められたことになる．

ついで，第2層関係の修正式(3.91)（ステップ6）を導出しよう．

同様に式(3.97)の右辺第2項を中間の変数に介在させて，
$$\frac{\partial E_k}{\partial w_{ji}{}^{(2)}} = \frac{\partial E_k}{\partial y_{kj}{}^{(2)}} \cdot \frac{\partial y_{kj}{}^{(2)}}{\partial u_{kj}{}^{(2)}} \cdot \frac{\partial u_{kj}{}^{(2)}}{\partial w_{ji}{}^{(2)}} \tag{3.105}$$

の3つの項に分解し，それぞれを計算すると下式のようになる．
$$\frac{\partial E_k}{\partial y_{kj}{}^{(2)}} = \sum_m \left[\frac{\partial E_k}{\partial u_{km}{}^{(3)}} \cdot \frac{\partial}{\partial y_k{}^{(2)}} \left\{ \sum_n w_{mn}{}^{(3)} \cdot y_{kn}{}^{(2)} \right\} \right] \tag{3.106}$$
$$= \sum_m \left[\frac{\partial E_k}{\partial u_{km}{}^{(3)}} \cdot w_{mj}{}^{(3)} \right]$$

$$\frac{\partial y_{kj}{}^{(2)}}{\partial u_{kj}{}^{(2)}} = \frac{\partial f_j{}^{(2)}(u_{kj}{}^{(2)})}{\partial u_{kj}{}^{(2)}} = f_j'{}^{(2)}(u_{kj}{}^{(2)}) \tag{3.107}$$

$$\frac{\partial u_{kj}{}^{(2)}}{\partial w_{ji}{}^{(2)}} = y_{ki}{}^{(1)} \tag{3.108}$$

ここで，式(3.106)の計算が重要である．この計算において $u_{km}{}^{(3)}$ という第3層の第 m ニューロンでの重みつき線形和を中間変数として持ち込んだところがポイントである．なお，$y_{kj}{}^{(2)}$ から第3層に向かって多数個の出力線が出るので，$u_{km}{}^{(3)}$ に関して $\sum$ の形で表現しないといけないことに注意しよう．

この3式を式(3.105)に代入すると，
$$\frac{\partial E_k}{\partial w_{kj}{}^{(2)}} = \sum_m \left\{ \frac{\partial E_k}{\partial u_{km}{}^{(3)}} \cdot w_{mj}{}^{(3)} \right\} \cdot f_j'(u_{kj}{}^{(2)}) \cdot y_{ki}{}^{(1)} \tag{3.109}$$

ここで,
$$\frac{\partial E_k}{\partial u_{km}{}^{(3)}} = \frac{\partial E_k}{\partial y_{km}{}^{(3)}} \cdot \frac{\partial y_{km}{}^{(3)}}{\partial u_{km}{}^{(3)}} \tag{3.110}$$

であり，これに式(3.99)，(3.100)を代入し，また式(3.103)を用いて，

$$\frac{\partial E_k}{\partial u_{km}{}^{(3)}} = -(\gamma_{km} - y_{km}{}^{(3)}) \cdot f_m{}'^{(3)}(u_{km}{}^{(3)}) = -\delta_{km}{}^{(3)} \qquad (3.111)$$

となる．したがって

$$\frac{\partial E_k}{\partial w_{kj}{}^{(2)}} = -\sum_m (\delta_{km}{}^{(3)} \cdot w_{mj}{}^{(3)}) \cdot f_j{}'(u_{kj}{}^{(2)}) \cdot y_{ki}{}^{(1)} = -\delta_{kj}{}^{(2)} \cdot y_{ki}{}^{(1)} \qquad (3.112)$$

となる．ただし $\delta_{kj}{}^{(2)}$ は式(3.90)で定義した通りである．これを式(3.97)に代入し，式(3.92)を用いると

$$\begin{aligned} w_{ji}{}^{(2)}(t+1) &= w_{ji}{}^{(2)}(t) + \eta \delta_{kj}{}^{(2)} \cdot y_{ki}{}^{(1)} \\ &= w_{ji}{}^{(2)}(t) + \Delta_k w_{ji}{}^{(2)} \end{aligned} \qquad (3.113)$$

となり，修正アルゴリズムのステップ 6 の式が求められたことになる．

以上の議論は 1 つの特徴量 k に対するものであった．全特徴量についての 2 乗誤差の総和は式(3.94)であり，全特徴量を 1 度ずつ提示した後の重みの変化の総和 $\partial E/\partial w_{ji}{}^{(3)}$ は右辺 $\partial E_k/\partial w_{ji}{}^{(3)}$ に比例する．ただし，これが厳密に成立するのは，重みの変化をすべての特徴量提示後にまとめて行う必要がある．現実には，重み変化を各特徴量提示ごとに行う場合が多いので（まとめて行う方式もある），変化の総和 $\partial E/\partial w_{ji}{}^{(3)}$ から少しずれる．この意味でも十分小さい定数 η（学習係数）を導入し，1 度の変更量を微小にして最急勾配法のよい近似とする必要がある．

iii) 中間層のニューロン数および区分的線形識別関数　　先に中間層の数をいくつにするかは工夫を要すると述べた．一例として，図 3.57(a)に示すように，x_1, x_2 の 2 つの特徴量で表現された 2 つのクラスがあり，しかも各クラスが 2 つのサブクラスからなる場合の識別関数を学習させてみよう．それぞれのサブクラスは同図(a)に示すように同じ分散量をもつ正規分布をするとし，実際の学習サンプルは正規乱数で発生させている．入力層，出力層のニューロン数は 2 個ずつになるが，中間層の数を 20 および 10 にした場合の学習後の識別関数の形を図(b), (c)に示す．中間総数を 20 にした場合は，学習サンプルに強く依存しすぎて，識別曲線が必要以上に複雑化しかえって未知画像に対する認識精度を低下させることが予測できる（この現象を過学習という）．したがって，中間層のニューロン数を必要以上に多くすることは得策でないことがわかる．この実験の場合にはむしろニューロン数 10 の識別曲線の方が妥当であり，中間層数の最適値がこのあたりにあることがわかる．なお，さらに中間層のニューロン数を減らす

(a) 学習サンプル

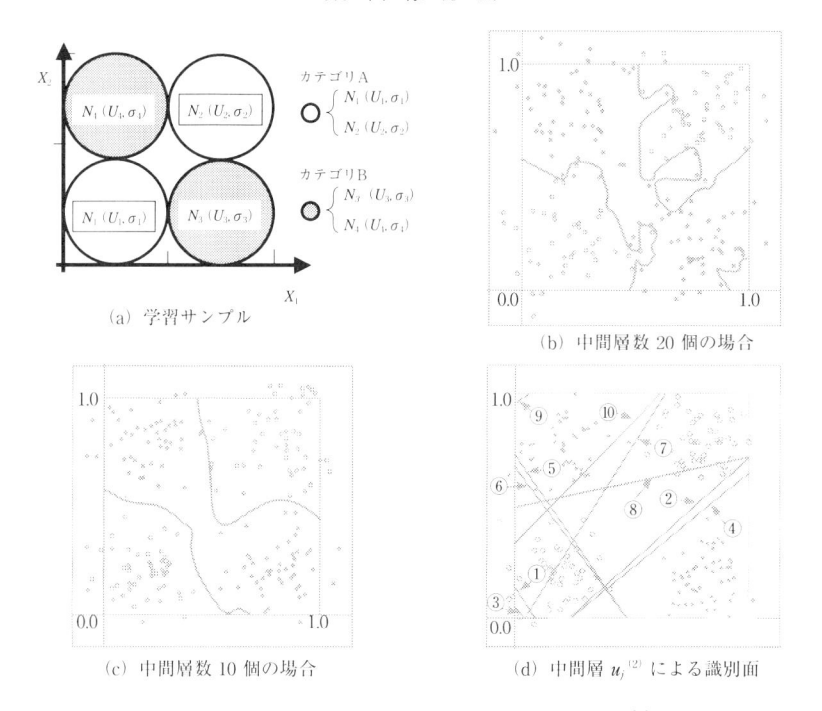

(b) 中間層数 20 個の場合

(c) 中間層数 10 個の場合

(d) 中間層 $u_j^{(2)}$ による識別面

図 3.57 ニューラルネットワークによる識別関数の学習例

と，学習が収束しなくなったり，収束後の精度がわるくなったりするので，適当な値を設定する必要がある．最適なニューロン数の決定法については多くの研究があるが，本書では詳細説明を略す．

さて，学習の結果得られた図 3.57 の識別関数の形をもう一度ながめてみよう．複雑な形をしているが，これは線形識別関数を多数組み合わせた区分的線形識別関数の形になっていないだろうか？ このことは理論的には証明されているが，直感的にはややわかりにくい．そこで中間層の各ニューロンの出力信号を観測してみることにしよう．1つの中間層ニューロンに着目して，そこから入力層側をながめてみると，これは図 3.49 の 1 つの線形識別関数 $g^{(1)}(x)$ と同じ形をしていることがわかる．したがって，中間層ではニューロン数に相当する線形識別関数によって入力画像を複数のサブクラスに分割していると考えることができる．実際に図 3.57(c) の識別曲線が得られたときの，各中間層ニューロンの出力 $u_j^{(2)}$ を求めたのが同図 (d) である．図の直線は，各ニューロンの出力 $u_j^{(2)}$（最終出力

$y_i^{(2)}$ ではない）が正または負となる境界線（すなわち $u_j^{(2)}=0$ の軌跡）を示す．これらの線形識別関数を最終層で統合して最終的に同図(c)の識別関数が得られているわけである．また，同図(d)で互いに重なるように分布する識別関数の一方や，領域の周辺部に存在する識別関数は実際の役には立たないわけで，これに相当するニューロンが冗長になっていることがわかる．

最後に，ニューラルネットワークの1つの欠点は学習サンプルから何を学習したかがはっきりしないことであり，学習完了後もその結果を注意深く観察しなければいけない．特に，学習サンプル数がクラス数や特徴量数に比べて十分に多いとはいえないときには，設計者の期待とは全く無関係の現象を学習してしまうことがあり安心できない．一例をあげれば，乳房画像中の正常と異常を区別する問題で，たまたま異常群の学習サンプルの平均濃度値が正常群のそれより高かったことから，ニューラルネットワークは単に平均濃度値の大小を学習したにすぎなかった，などという現象が現実に起こりうるのである．

5) 白血球分類への応用

いままで述べてきた識別関数のうち，代表例として統計的識別関数とニューラルネットワークを血球分類に応用した実際例を紹介しよう．

人間の血液中には図3.58に示すような各種の白血球が存在し，これらの数の分布や異常血球の存在から体の健康状態が推測できる．そこで白血球100個ないし500個をサンプリングし，それが6種類（好中球を2分割しない場合は5種類）の正常白血球と4種類の異常白血球のどれに属するかを1つずつ識別する機

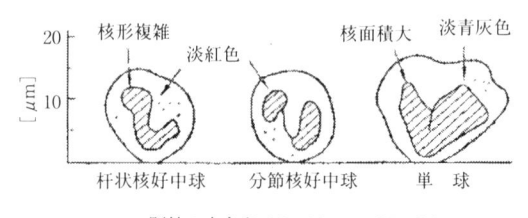

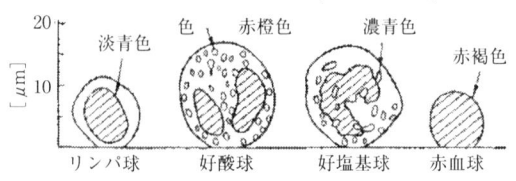

図3.58 血球の種類と特徴

3.3 画像認識

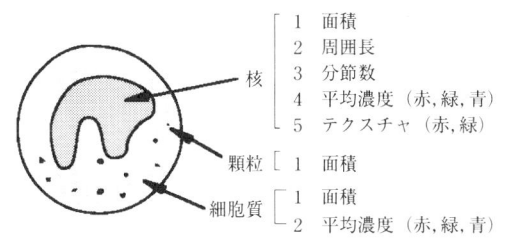

```
       ┌ 1 面積
       │ 2 周囲長
   核 ─┤ 3 分節数
       │ 4 平均濃度（赤,緑,青）
       └ 5 テクスチャ（赤,緑）

   顆粒 [ 1 面積

         ┌ 1 面積
   細胞質┤
         └ 2 平均濃度（赤,緑,青）
```

図 3.59　白血球における特徴量抽出

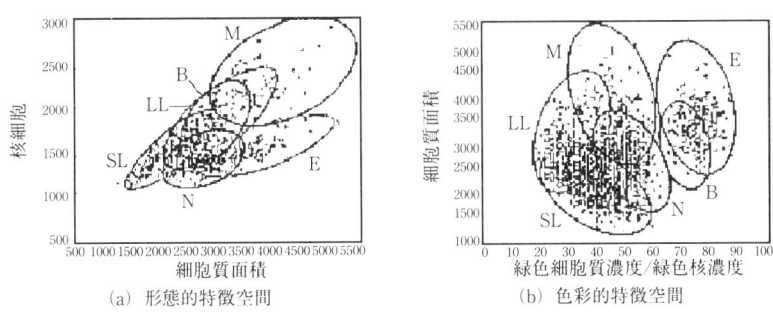

(a) 形態的特徴空間　　　(b) 色彩的特徴空間

図 3.60　白血球の分布の一例（2 次元空間内）

械が開発された．識別に用いた 1 次特徴量は図 3.59 に示す通りであり，さらにこれらの特徴量相互の組合せにより延べ 20 種の特徴量が選択された．これらの特徴量の分布の一例を図 3.60 に示すが，白血球相互が非常に似通った形態をしているため特徴量の分布も相互に重なり合い，精度向上は困難をきわめたが，最終的に図 3.61 のような 3 段階のステップを踏むことで解決した．図の識別第 1 段では，前述の 20 種類の特徴量中の 5 種類の特徴量を用い，また式 (3.71) の統計的識別関数 6 本を用いて，図 3.62 に示すような 5 クラスに識別された．これはいわば大まかな粗識別の段階であり，識別第 2 段では，識別第 1 段でどこに識別されたかによりそれぞれ異なる特徴量を採用して，再度統計的識別関数により精密識別を行った．これは，識別第 1 段である程度範囲を限定すれば，その限定された領域内で識別精度を上げるのに必要な特徴量が限定されてくることに着目した手法である．また識別第 3 段では，異常と判定されたグループの 4 分類を行っている．このような多段の識別論理の採用と，単純な線形識別関数ではなく（図 3.60 からも推察できるように，各血球ごとの特徴量の分散，共分散は変動しており，それらを等しいとみなす線形識別関数の採用は無理である），2 次の統

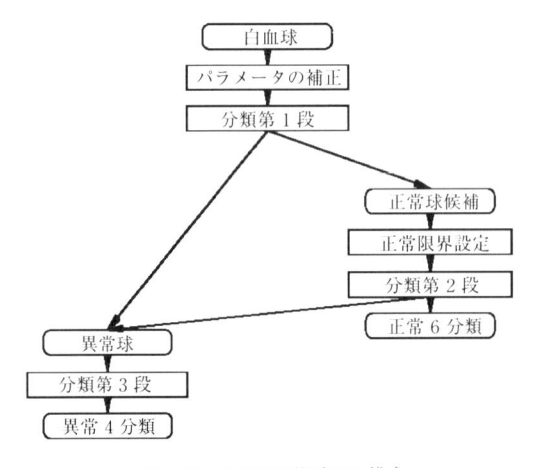

図3.61 白血球識別論理の構成

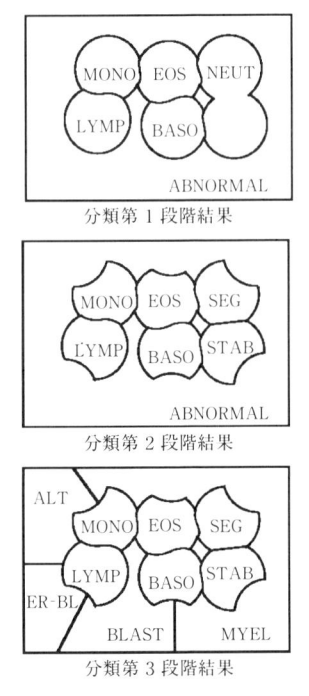

図3.62 多段識別概念図

表3.2 白血球識別結果の一例

	統計的識別関数 (%)	ニューラルネットワーク (%)
成熟球5分類識別率	98.9	99.7
未熟球検出率	83.7	91.5
未熟球4分類識別率	97.3	99.5

計的識別関数を用いることにより初めて実用装置を開発することができた.

次に識別関数として図3.61の代わりに図3.56の3層構造ニューラルネットワークを用いた例を紹介しよう.この場合の入力特徴量は全部で13種類を用いた(したがって,入力層の数が13).また,出力層は,正常5,異常4の合計9ニューロンとし,中間層は50個とした.学習用の血球サンプルは4000個を用い,学習係数 $\mu=0.1$,モーメンタム $\alpha=0.8$ の条件下で学習回数は2万回前後に及んだ.学習用のサンプルを十分な量用意したために識別精度は表3.2に示すように

満足ゆく結果となった．表には統計的識別関数の結果も併記してあるが，ニューラルネットワークの方が若干よい結果となった．このように十分な量の学習サンプルと入念な学習操作を行えばニューラルネットワークは効果があり，現に実用化された装置も多く見受けられる．

4

マルチメディアの構造化と統合技術

　コンピュータの処理対象は，数値データに始まり文字（テキスト）データを経て，現在マルチメディア全般に拡大された．マルチメディアは，ディジタルメディアの形態（これにより，メディアにかかわらず一様なビットストリームとして扱える）を与えられたことで，通信の世界をいっきょに豊かなものとした．そして，現在，マルチメディアはコンテンツ（内容）を対象とする処理の研究を通して，新しい世界を築きつつある．

　以下では，マルチメディア文書作成とマルチメディア通信について現状を述べた後，マルチメディアに対するアクセス方法としてマルチモーダル対話を取り上げ説明する．

4.1　マルチメディア文書作成

　文書作成の対象は，文字データに始まり，音・映像を伴うマルチメディアへと拡大しつつある．同時に文書作成のスタイルも，個人で閉じた作業からネットワークを介した協調的な作業へと変わりつつある．以下では，最初にかな漢字変換に至る日本語入力の変遷と処理の概要をながめる．続いてマルチメディア文書処理と，現在進行中のXMLベース文書作成を説明する．

a．日本語文書処理

　欧米のタイプライタの発展と比べ，日本語の文書作成は漢字入力の問題から大きく遅れた．これにより日本のオフィスにおける生産性も長く低迷した．日本語入力は邦文タイプライタから始まる．この方式は漢字を1文字ずつ入力するため，熟練を要し速度も遅かった（40字/分程度）．また，コンピュータと接続し

4.1 マルチメディア文書作成

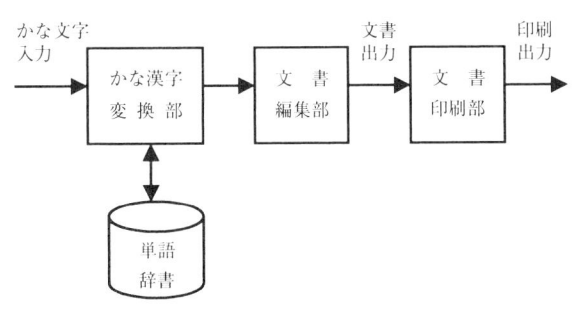

```
かな文字           文書              印刷
入力              出力              出力
  → [かな漢字    → [文書    → [文書    →
     変換部]       編集部]     印刷部]
       ↕
     [単語
      辞書]
```

図 4.1 日本語文書作成処理の流れ

タブレット（すべての漢字表を一覧にしたもの）からペンで漢字を選択入力する方式に切り換わった後も，熟練に要する手間と速度はあまり改善されなかった．かな漢字自動変換方式の日本語ワードプロセッサは 1978 年に登場した．この方式ではローマ字，もしくはカナを文節単位で入力すれば漢字かな混じり文を得ることができる．このため，欧文タイプライタと同様にタッチメソッドを確立することができた．すなわち，初心者が比較的簡単に入力操作できる一方，タッチメソッドに沿って学習を重ねることで，ブラインドタッチを習得する道が開けた．これにより，100 文字/分を超す入力速度が得られるようになり，日本語文書処理の生産性は大きく改善された．

図 4.1 に日本語の標準的な処理の流れを示す．ローマ字もしくはかなキーで入力されたかな文字列は，かな漢字変換部で単語辞書を参照しながら形態素単位への置き換え，すなわち分かち書きが行われる．日本語の形態素には，単語，付随する助詞・助動詞，および接頭・接尾語がある．例えば単語辞書には以下のような情報が書かれている．

［読み］こうせい：　［表記］構成，［品詞］サ変名詞，［生起確率］0.35

入力されたかな文字列は，自動的に分かち書き処理され，辞書中の［読み］を検索して日本語の表記に置き換えられる．［品詞］のサ変名詞はこれがサ変の動詞活用をすることを示す（「構成する」）．日本語には同音異義語（「こうせい」：構成，公正，校正，攻勢，厚生，抗生，…）が多く出現するが，文法知識（例えば，「こうせいな」は「公正な」と変換など）や，生起確率（「校正する」よりも「構成する」の使用率が高いなど）を利用して変換率を上げている．

日本語の入力単位は，文節単位が普通であるが，近年は文単位で入力できるも

のが増えている．変換率は文節単位に比べて低下するが，入力後に編集を一括して行う場合は総合的に入力速度が上がる．また，かな漢字変換も単語の生起確率だけでなく，単語間の同時生起確率（N-gram 文法，$N=2, 3$）を利用することで，文単位入力でも変換率を維持する方法がとられている（「抗生物質」など）．

　文書作成は入力作業だけでなく，編集作業の占める割合も大きい．近年の文書処理ソフトウェアでは，キーボード入力からかな漢字変換までを FEP（Front End Processor）と呼び，文書処理部は編集などを行うアプリケーションソフトウェアとして分離構成されている．編集には文書のレイアウトのほか，文体変換（文体の不統一箇所指摘など），文章チェック（助詞の重複や文末の不正な使い方など），表記の不統一指摘，といった多彩な機能が含まれる．また，近年は図形，音，画像，映像を文書に貼り付けながら編集が行われるようになった．作成された文書は最後に印刷される．文字は従来のドットマトリックス形式から，ベクトルデータ形式で格納されるようになり，指定されたフォント（明朝体，ゴシック体など）に応じて修飾演算が行われた後，ページ単位で印字されるようになった．

b．マルチメディア文書処理

　図4.2にマルチメディア文書を作成する際の作業の流れを示した．作業は，文字メディア，音メディア，そして映像メディア（図形，画像，映像）からなる素材データを作成・収集することに始まり，続いて素材（部品）を用いた文書編集が行われる．マルチメディア文書の編集は，各メディアの構造化とそれらの（再）統合作業からなる．

　テキストの構造化では，論理構造やレイアウトを考えながら文章全体の構造を決定することになる．論理的な構造を記述する標準言語には，古くからSGML（Standard Generalized Markup Language）が知られている[1]．SGMLは構造が複雑すぎるため，これを簡略化した HTML（Hyper Text ML）が策定され，Webページの作成に使われた[2]．HTMLの例については後述する．次に，音（audio）や映像といった時系列データでは，メディアを提示する方法（メディアの提示順序，メディア間の同期など）を記述する必要がある．オーディオ，ビデオに対する表現規定としては，MHEG（Multimedia and Hypermedia Information Coding Expert Group）[3]，Hytime（Hypermedia / Time-based Structur-

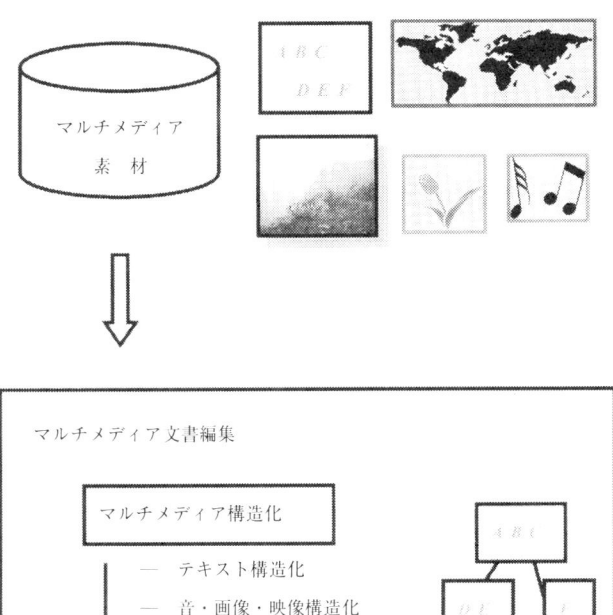

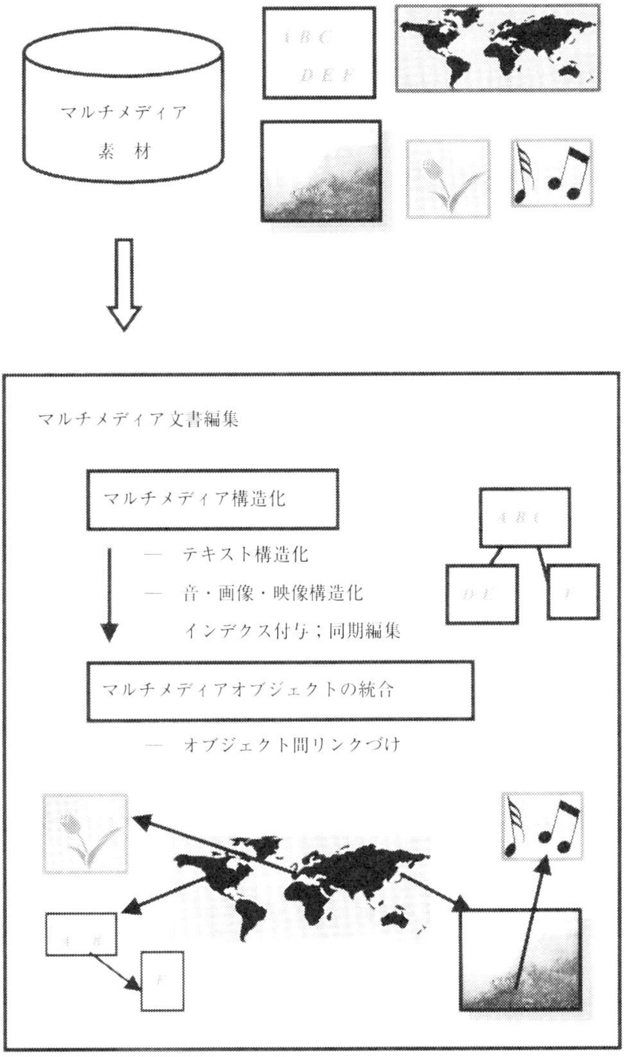

4.1 マルチメディア文書作成

図4.2 マルチメディア文書の作成

ing Language)[4] が提案された．MHEGは，静止画，動画，音声を組み合わせて，マルチメディアを表現する際のデータ記述方法を規定している．同期関係，参照関係，ユーザインターフェースのほか，記述したマルチメディア情報をコンテナにのせて通信する方法についても規定している．Hytimeはマルチメディ

ア，ハイパーメディア情報の論理構造を SGML のシンタックス（構文）を用いて記述する言語標準である．オブジェクト間の論理的な関連づけ，アドレッシング，表示出力の際に時空間上の同期関係を表現する機能を提供する．

これまで，人類は紙に書かれた文字メディアを中心に文化を築いてきた．マルチメディア文書では，テキスト中心の文書と異なり，編集作業の中で異種混交 (heterogeneity) の素材を再統合しなければならないというむずかしさを伴う．構造化されたオブジェクト相互の関係が重要になるということは間違いない．しかし，これら構造化マルチメディアをどのように統合していくかは，応用目的と密接に絡んでいる．Web ブラウザを例にとると，構造化された文字，音，映像メディアは，画面上で色による差別化などにより，それらが操作対象となることを示すとともに，ページ内オブジェクトあるいは Web 上の他のホームページに対してリンクが張られる．この場合，図 4.2 に示したようにリンクづけ，すなわち再統合の仕方は人間が直接記述することになる．リンクづけは，目的や作成する人の視点により異なることから自動化が困難である．このため，WYSIWYG (What You See Is What You Get.) と呼ばれる GUI ベースのツール，ホームページ作成支援ツールが提供されている．このツールを利用すると，作成者はマルチメディアオブジェクト部品を画面に貼り付けながら，オブジェクト間で簡単にリンクを張ることができる．作成が終了すると HTML 文書が自動的に生成されるため，作成にあたり HTML の記述方法を知らなくともよい．

HTML を用いてもテキスト，オーディオ，静止画・動画をページに貼り付けることはできるが，フォーマットが固定される．これに対して，近年，World-Wide Web コンソーシアム（W3C）から，同じ SGML から派生した XML (Extensible ML) が提供され，より柔軟にページを構成することができるようになった[5]．XML は構造化された形式をもち，再利用性からも優れた言語である．XML には他の優れた特徴もある．すなわち XSL (Extensible Stylesheet Language) というビュー（見え方）を記述する言語仕様をもち，データとビューを完全に分離することができる[6]．XSL はまた，XML 文書の要素や属性を切り出したり，並べ替えて表示する機能をもつため，文書同士の変換にも利用することができる．ここで，同じ文書を HTML と XML で記述した例を図 4.3 に示す．図 4.3 A は，リンゴとミカンをオンラインショッピングで販売するページを，HTML で記述したものである．作成されたページを図 4.3 B に示す．同じ

4.1 マルチメディア文書作成

```html
<!DOCTYPE HTML PUBLIC "-//W3C//DTD HTML 4.01//EN">
<html lang="ja">
    <head>
        <title>商品リスト</title>
        <style type="text/css">
            table {border:solid 1pt black; text-align: center}
            th {background-color: silver; padding:5}
            td {border: solid 1pt black; padding:10}
        </style>
    </head>
    <body>
        <table>
            <tr>
                <th>品名</th>
                <th>画像</th>
                <th>価格</th>
                <th>購入個数</th>
            </tr>
            <tr>
                <td>りんご</td>
                <td>
                    <img src="./GIF/apple.gif"/>
                </td>
                <td>150</td>
                <td>
                    <form>
                        <select name="number">
                            <option value="1">1</option>
                                .
                                .
                            <option value="5">5</option>
                        </select>
                        <input type="button" value="購入"/>
                    </form>
                </td>
            </tr>
                <td>みかん</td>
                <td>
                  <img src="./GIF/orange.gif"/>
                </td>
                <td>70</td>
                <td>
                    <form>
                        <select name="number">
                            <option value="1">1</option>
                                .
                                .
                            <option value="5">5</option>
                        </select>
                        <input type="button" value="購入"/>
                    </form>
                </td>
            </tr>
        </table>
    </body>
</html>
```

図 4.3 A　HTMLによるコンテンツとビュー記述

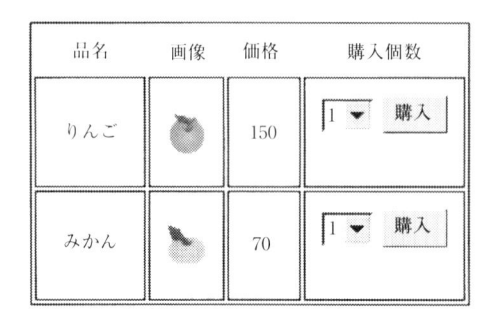

図 4.3 B　オンラインショッピング画面

ページを XML で作成したものが図 4.3 C である．ここにはデータだけが記述されており，見え方は図 4.3 D に示す XSL 文書に記述されている．また，HTML 文書からデータの内容を読み取るには，開始タグ（<xyz>）と終了タグ（</xyz>）で囲まれた内容（コンテンツ）を直接調べる必要があるが，XML 文書ではタグを調べるだけで，そこに入っているコンテンツ情報を取得できる．このため，図 4.3 C, D の例では，品名タグ，価格タグのように，そこに何が書かれているかを知ることができる（具体的には，XML 文書をパーザ（XML parser）に通すことで，こうした構造を取得できる）．したがって，例えば利用者からの入力（個数）と上記の価格から，商品の売上げを計算するといったアプリケーションを簡単に作成することができる．

```xml
<?xml version="1.0" encoding="Shift_JIS"?>
<?xml-stylesheet type="text/xsl" href="sample.xsl"?>
<!DOCTYPE 商品全体[
<!ELEMENT 商品全体(題名, 商品*)>
<!ELEMENT 題名(#PCDATA)>
<!ELEMENT 商品(番号, 品名, 画像, 価格)>
<!ELEMENT 番号(#PCDATA)>
<!ELEMENT 品名(#PCDATA)>
<!ELEMENT 画像(#PCDATA)>
<!ELEMENT 価格(#PCDATA)>
]>
<商品全体>
    <題名>商品リスト</題名>
    <商品>
        <番号>001</番号>
        <品名>りんご</品名>
        <画像>./GIF/apple.gif</画像>
        <価格>150</価格>
    </商品>
    <商品>
        <番号>002</番号>
        <品名>みかん</品名>
        <画像>./GIF/orange.gif</画像>
        <価格>70</価格>
    </商品>
</商品全体>
```

図 4.3 C　XML によるコンテンツの記述

```xml
<?xml version="1.0" encoding="Shift_JIS"?>
<xsl:stylesheet version="1.0" xmlns:xsl="http://www.w3.org/1999/XSL/Transform">
    <xsl:output method="html"/>
    <xsl:template match="/">
        <html lang="ja">
            <head>
                <title>
                    <xsl:value-of select="商品全体/題名"/>
                </title>
                <style type="text/css">
                    table {border:solid 1pt black; text-align:center}
                    th {background-color:silver; padding:5}
                    td {border:solid 1pt black; padding:10}
                </style>
            </head>
            <body>
                <xsl:apply-templates select="商品全体"/>
            </body>
        </html>
    </xsl:template>
    <xsl:template match="商品全体">
        <table>
            <tr>
                <th>品名</th>
                <th>画像</th>
                <th>価格</th>
                <th>購入個数</th>
            </tr>
                <xsl:for-each select="商品">
                    <tr>
                        <td>
                            <xsl:value-of select="品名"/>
                        </td>
                        <td>
                          <img>
                            <xsl:attribute name="src">
                                <xsl:value-of select="画像"/>
                            </xsl:attribute>
                          </img>
                        </td>
                        <td>
                            <xsl:value-of select="価格"/>
                        </td>
                        <td>
                            <form>
                                <select name="number">
                                    <option value="1">1</option>
                                         ・
                                         ・
                                    <option value="5">5</option>
                                </select>
                                <input type="button" value="購入"/>
                            </form>
                        </td>
                    </tr>
                </xsl:for-each>
        </table>
    </xsl:template>
</xsl:stylesheet>
```

図 4.3 D　XSL によるビューの記述

W3Cでは，XMLを中心に，複合メディアを構造化し，統合制御する統一した枠組みを順次提供している．この中には，音や映像ストリームの記述（レイアウト，時間的な関係など）に関するSMIL（Synchronized Multimedia Integration Language)[7]，その他Graphics応用のためのSVG（Scalable Vector Graphics），数式を表現するMathML，化学式を表すCML（Chemical ML）など特定用途の記述を可能にするさまざまな規格が含まれる．また，データを表現するためのデータ，すなわちメタデータを記述する言語として，RDF（Resource Description Framework）が策定され，Web上の情報を効率的に検索する枠組みも整備されつつある[8]．またWebへのアクセス方法を広げる試みも始められている．携帯電話端末から，音声とプッシュボタンでWebをブラウズする際の入出力記述（音声合成音で指示されるメニューに対して，音声入力で選択し，結果を音声合成音で返すなど）に関するVoiceXMLはその最初の試みといえる[9]．今後は，よりインタラクティブなマルチメディアコンテンツを作成できる記述言語，マルチモーダル対話記述言語の整備（4.3節参照），制作ツールの整備，そして新しい操作メソッドの提供と教育が順次進められると考えられる．

4.2 マルチメディア情報通信

a．マルチメディアと情報通信

マルチメディア情報通信では，音声，画像，データなどのさまざまな信号に対して，2.2節や3.1節で述べた高能率符号化技術を適用してディジタル化し，誤り訂正などの加工を施し，パケット化して伝送（パケット情報通信）する．最も身近なパケット情報通信の実用例としてはインターネットがあげられる．インターネットではATM（Asynchronous Transfer Mode；非同期型伝送方式）を利用している．同期型の伝送方式は連続的に情報を伝送し続ける方式で，例えば，テレビ放送のように常時一定の情報回線を確保できる．一方，非同期型伝送方式では，回線の混雑状況に応じて回線路を太く確保したり細くすることで，限られた通信容量を多数のユーザで分かち合う方式である．例えば，インターネット（非同期型接続）は，回線のタイムスロットに空きがあるのを見つけては，伝送したいパケットを詰め込んで伝送する通信方式である．そのため大きな情報（フ

| ヘッダ (5バイト) | ペイロード (48バイト) |

図4.4 ATM向けパケットの構造

ァイル)を伝送する場合でも,小さいパケットに分割して伝送する.ATMで適用されているパケットの構造を図4.4に示す.図の通り1つのパケットはヘッダ(パケットの伝送用情報)5バイト,ペイロード(情報を格納する部分)48バイトから構成されている.ヘッダ部分にはパケットの行き先,ペイロードタイプ,プライオリティ,パケット同期,ヘッダ誤り訂正などの重要な情報が格納されている.これらのヘッダ情報により,非同期な状態での通信を効率的に実現することができる.ペイロード部分には伝送したい情報ビットを格納するスペース(48バイト分)が確保されており,このなかにディジタル化された音声,画像,データなどの情報を入れる.このペイロード部分にはユーザの利用したいマルチメディア情報を自由に格納でき,インターネットに代表されるようなさまざまな情報交換が可能になった.有線系のインターネットに加えて,携帯電話や無線LANにおけるアクセスにおいても,非同期型のパケット接続方式が適用されており,無線接続系においてもパケット通信はマルチメディア情報伝送の主要形態になりつつある.

b. 高能率符号化と高能率伝送

利用形態や伝送路状況に応じて,高能率符号化と高能率伝送を組み合わせて,高能率符号化方式や高能率伝送方式を選択するのがマルチメディア情報通信の基本形態となっている(3.1節e項参照).

近年,高能率符号化・伝送技術に支えられ,情報のマルチメディア化と通信の高速化が実現されてきた.これまでは1つのチャネル帯域幅を狭くすることで単位周波数当たりに配置できるチャネル数を増やしチャネル数の確保を実現してきた(狭帯域化時代).しかし,情報のマルチメディア化に伴い,さまざまなパケット(種類,大きさ,特性…)の情報がやり取りされるため,帯域幅もマルチ化し通信速度も高速化してきた.そのため従来の狭帯域化だけでは能率的に周波数帯域を利用できなくなってしまい,最近では1チャネルの帯域幅を広くして,高速通信回線を確保することで利用効率を高める研究が盛んに進められている(広帯域化時代).これらのニーズに対応する広帯域(高速)情報通信技術の1つに

スペクトル拡散（spread spectrum；SS）通信がある．スペクトル拡散通信では，広い周波数帯域にスペクトルを拡散させて送信し，受信側では拡散符号を切り替えてチャネルを区別することができる．米国では以前より携帯電話に利用されており，Bluetooth，無線 LAN，ディジタル放送，GPS などでも同様の技術が適用されている．

スペクトル拡散の定義は「スペクトル拡散通信方式とは，情報を伝送するために最低限度必要な帯域よりも非常に広い周波数帯域に拡散させる通信方式で，その周波数帯域幅は伝送情報以外の関数に依存する」とある．ここでいう「最低限度必要な帯域」とは，通信容量定理の占有帯域幅である．また「非常に広い周波数帯域」とは，一般的に最低限度必要な帯域の 100 倍以上であると考えられている．また，「周波数帯域幅は伝送情報以外の関数に依存する」とは，スペクトル拡散通信において帯域幅を左右する要因は拡散率であり，伝送情報以外の関数といえる．この拡散率を決めるのが後に述べる符号速度である．このスペクトル拡散通信方式は次の三つの方式に大別される．

(1) 直接拡散（Direct Sequence, Direct Spread；DS）方式：伝送情報信号よりも非常に高速な符号系列により搬送波を二次変調する．

(2) 周波数ホッピング（Frequency Hopping；FH）方式：符号系列のパターンによって搬送波周波数を不連続に移動させる．

(3) パルス化周波数変調（チャープ変調）方式：符号の周期に従って搬送波周波数を広い周波数帯域で掃引する．

スペクトル拡散の中で実際に多く利用されているのは，直接拡散方式と周波数ホッピング方式である．例えば，携帯電話やディジタル放送においては直接拡散方式が適用されており，Bluetooth では周波数ホッピング方式が利用されている．また，スペクトル拡散と同様に広帯域を利用する通信方式として，地上波ディジタル方式などに利用されるマルチキャリア（OFDM）方式もある．

c．マルチメディアパケット通信
Bluetooth とマルチメディア

マルチメディア情報通信におけるパケット通信の位置付けは a 項で述べた通りである．ここでは無線型のパケット通信方式として，今後，本格的な実用化が期待されている Bluetooth について解説する．

最近，無線通信のディジタル化が進み，さまざまな情報を高能率に伝送するマルチメディア情報通信のニーズが高まっている．これまでの音声情報だけの伝送ならアナログ電話回線でも十分であったが，マルチメディア情報通信ではさまざまな情報の伝送に適した通信方式が必要になる．さらに，さまざまなデータ交換をするためには，高次のプロトコルが必要になる．Bluetoothでは，これらのニーズを満たすために，可変伝送容量のパケット通信を採用しており，さまざまな容量（種類）の情報を自由に伝送でき，これらを制御・変換するためのプロトコルも搭載しており，マルチメディア情報通信に適した通信方式であるといえる．

Bluetoothとは西暦940年から981年に活躍したバイキングが最盛期時代のデンマーク王の名前である．Bluetoothはデンマークとノルウェーを無血統合した偉大な功績をもっており，北欧の携帯電話機最大手メーカーでBluetoothの生みの親であるエリクソン社は，通信業界とパーソナルコンピュータ業界の円滑な統合を目指して無線接続方式Bluetoothを命名した．従来の無線接続方式では通信業界がイニシアチブをもち，アプリケーションをあまり意識しない規格化が進められてきた．そのためアプリケーション側の特性を十分に反映した無線通信方式が完成されず，無線接続規格の統一化は重要な課題として検討されるようになった．Bluetoothは新しい無線接続の統一化という観点から，広く注目を集めている．

これら無線接続の統一化のもう1つの障害に特許（知的所有権）の補償がある．各社が独自に開発した無線接続方式には，自社方式を守るために数多くの特許が含まれている．例えばある方式について，特許を足がかりに自社方式を統一規格に提案すると，特許紛争が生じて統一規格化は成り立たなくなってしまう．Bluetoothでは，基本的に特許の無償提供を前提に開発を進めた技術仕様であり，この点でも参加企業を多く取り込むことができたといえる．

一方でブロードバンド通信や光通信の普及に伴い，有線系においては高速通信網が浸透しつつある．わが国でもADSLやFTTH（Fiber To The Home）により，一般家庭までブロードバンドネットが張り巡らされようとしている．一般家庭の各部屋に数百Mbpsの高速ディジタル通信端子を引き回すことも可能になりつつある．しかしさまざまな端末機器との最終的な接続を有線で行うと，配線が混乱してしまう．そこで各端末のポータビリティ性の確保や配線の簡素化を目指して，最終的な接続部分だけは無線接続で行うことが求められている．その

ために，有線端子から各端末機器までの最終 10 m 程度の無線接続を効率的につなぐ研究（ラスト 10 m 問題）が進められており，Bluetooth はこの解決策の 1 つとして注目されている．

2) Bluetooth の概要

Bluetooth はモバイル端末（携帯電話）にとどまらず，パーソナルコンピュータ（周辺機器），AV 機器などを無線接続するための通信規格である．

図 4.5　Bluetooth のレイヤ構造

Bluetooth のレイヤ構造（図 4.5）にも示す通り，低次から高次のレイヤまでサポートした構成になっており，ハードウェアからソフトウェア（ミドルウェアも含む）までのさまざまな技術を取り入れた無線接続規格である．これまで Bluetooth に匹敵する広い通信対象を意識した統一規格は例がなく，業界初の試みとして注目を集めている．

規格では Bluetooth の普及を促すために，おおむね以下の 3 つのコンセプト（目標値）を掲げている．

目標 1：小型軽量化（マッチ箱程度）
目標 2：低価格化（5 ドル以下のチップセット）
目標 3：低消費電力化（送信 30 mA，待機 30 μA 以下）

目標 1 では搭載した本体側の筐体が極端に大きくならないように，Bluetooth ユニットの小型軽量化を目指しており，これにより簡単にホスト機器に搭載することができる．また目標 2 は価格を抑えることでさまざまな製品に搭載してもらい，普及を進めるためであり，これにより安易にホスト機器に搭載できる．さらに目標 3 は携帯電話やノートパソコンなどのバッテリ駆動機器に搭載した場合に，Bluetooth が本体の電池を消費してしまわないための配慮で，これにより携帯機器への搭載を促している．

また Bluetooth の想定する無線接続形態は次の 3 つに大別される．

接続形態 1：　端末機器―端末機器
接続形態 2：　端末機器―固定機器
接続形態 3：　固定機器―固定機器

ここで端末機器の例としては，携帯電話，ノート型パーソナルコンピュータ，パソコン周辺機器，PDA，ヘッドホンステレオ，AV 機器，ディジタルカメラ，

カーナビ，レジスタ（POS），無線 LAN（端末側）などがあげられる．

一方，固定機器の例としては，有線電話回線（固定），無線 LAN（固定回線），オフィスネットワークなどインフラ側の設備があげられる．接続形態 1 としては，ノート PC でモバイルインターネットを行う際の携帯電話との接続，ディジタルカメラの映像をパソコンに取り込むときの接続，PDA やパソコン間のデータ交換時の接続，パソコンと周辺機器間の接続，AV 機器間の接続，ヘッドホンステレオと携帯電話の接続，カーナビと携帯電話の接続，パソコン同士の簡易無線 LAN 接続（アドホックネットワーク）などがあり，どれも従来はケーブルにより行われていたためポータビリティを低下させていた．接続形態 2 としては，パーソナルコンピュータと電話回線や LAN 固定回線の接続，レジスタと電話回線の接続，AV 機器と電話回線の接続などがあり，これにより従来は電話回線などの固定端子から近い距離に端末を配置することが多かった．接続形態 3 としては，オフィスネットワークと電話回線の接続，隣接するネットワーク間の接続などがあげられる．

さらに Bluetooth をさまざまな用途に適用するための配慮から，以下の 3 つの技術的な要件が満たされている．

　要件 1：マルチメディア対応（パケット）
　要件 2：一対多接続の通信（ネットワーク）
　要件 3：盗聴・誤接続防止（セキュリティ）

要件 1 では画像やデータなどさまざまな情報が伝送でき，さらに電波状態や伝送情報に応じて最適なパケット（誤り訂正）が選択できるように，11 種類のデータ伝送パケットを規定している．また要件 2 についても，半径約 10 m のピコネット（簡易なネットワーク）を形成することで，1 対多接続の無線通信を実現している．さらに要件 3 についても，セキュリティ機能を標準的に搭載した接続が規格化されている．

Bluetooth が想定しているデータ形式は以下の 3 つに大別できる．

　データ形式 1：テキストデータ
　データ形式 2：メディアデータ
　データ形式 3：制御・認証データ

テキストデータは，電子メールなどのテキストファイルを携帯電話とノートパソコンや PDA の間で交換する際に利用される．またメディアデータ（音声，音

168   4. マルチメディアの構造化と統合技術

① ② ③

TOSHIBA（左）Bluetooth™ PCカード
　　　　（右）Bluetooth™ ワイヤレ
　　　　　　　スモデムステーション
④ ⑤ ⑥

図 4.6　Bluetooth の適用例

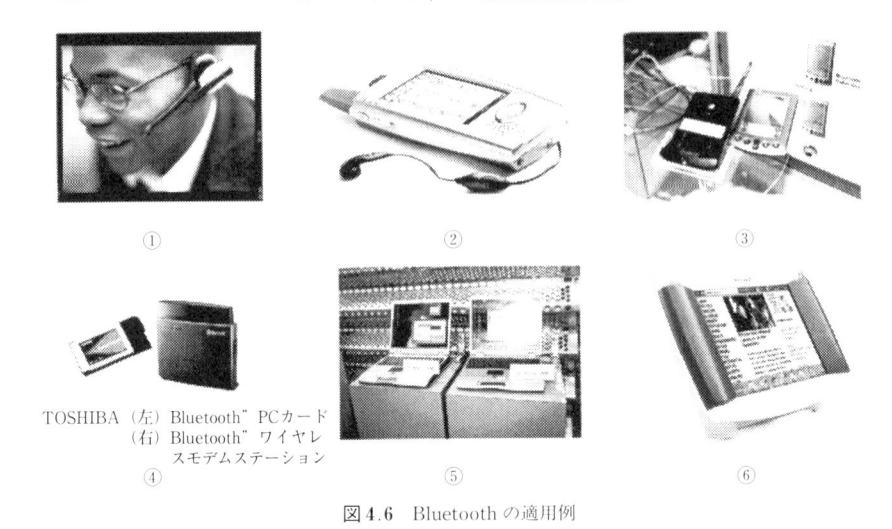

楽，画像など）の音声は，コードレス電話（携帯電話）間や携帯電話とヘッドセット間の通信で使用される．音楽データは携帯電話でダウンロードしてきた MP3 などの音楽圧縮情報を MP3 プレイヤーにインストールする際などに利用される．画像データはディジタルカメラなどで写した JPEG（静止画像情報）や，ディジタルビデオで撮影した MPEG（動画像情報）を携帯電話などに伝送する際にも有効である．また制御・認証データは，携帯電話でテレビなどの AV 機器の制御を行ったり，携帯電話と POS や自動販売機の間で認証をしてクレジットカード代わりに利用する際に適用される．いずれも Bluetooth が想定している近距離のマルチメディア通信を実現できる．

　Bluetooth の適用例を図 4.6 に示す．①はヘッドセットと携帯電話の接続を無線化した例，②と③は多機能携帯電話や携帯情報端末の内部に Bluetooth ユニットを組み込んだ例，④は Bluetooth を適用した PC カードとワイヤレスモデムステーションの例，⑤は Bluetooth ユニットを内蔵したノート PC 間を接続する例，⑥は Bluetooth を搭載した液晶テレビの例である．このほかにもノートパソコンやディジタルカメラなどで用いられているメモリスティックに Bluetooth を搭載して無線でデータを交換する例，ディジタルカメラ（ディスプレイ）と携帯電話を Bluetooth で無線接続する例，従来の PC カード型の無線 LAN を Bluetooth で代用する例，ディジタルカメラの画像情報を Bluetooth で

伝送する例，自動販売機のなかに Bluetooth ユニットを搭載して商品情報などを送出する例など，さまざまな応用例が検討されている．

携帯電話が本来の目的（通話）以外のさまざまな用途に利用できるようになれば，利用者は新しい携帯電話機を買い求める傾向が高まり，携帯電話機の売上げが上昇する．また携帯電話機の販売台数が伸びれば携帯電話の利用（回線トラフィック）も上昇し，携帯電話機メーカ，部品メーカ（携帯電話，インターフェイスなど），携帯電話サービス事業者の売上げ増が期待できる．またさまざまな応用法が想定されているため，携帯電話メーカやパーソナルコンピュータメーカに限らず，情報機器，AV 機器，カメラ機器，腕時計，自動車，ゲーム機器，電子商取引関連の各メーカが Bluetooth に強い関心をもっている．

Bluetooth のメリットとしては，おおむね以下の5つがあげられる．
① モバイル端末（携帯電話）に付加価値がつく
② ケーブル・コネクタが省略（統一化）できる
③ 簡易（随時）に無線ネットワークが構築可能
④ 接続機器同士のグローバルな利用が可能になる
⑤ 相互接続性を考慮した新しいタイプの製品開発

①は前述の通りである．②は無線接続が実現できれば当然のことであるが，Bluetooth 規格の統一に際して，Bluetooth へのインターフェイス（コネクタ）が一般化されることになり，これまでのように携帯電話機やサービス事業者によってコネクタが異なることもなくなる．③は従来の無線 LAN などと異なり，TCP/IP などの設定や知識がない一般ユーザでも，半自動で無線ネットワークを簡易に構築でき，また簡単に解除することができる．そのため，前述の POS と携帯電話の通信のように，その場限り（随時）の通信にも容易に適用できる．④はコンピュータネットワークのように，さまざまな周辺機器などを共有したり，遠隔操作するといった広域的な運用が，Bluetooth 接続によって可能になる．⑤は Bluetooth のネットワーク内のさまざまな機器の相互接続を考慮した製品開発が可能になる．例えば，プリンタと FAX 電話のいずれもが印刷機能を有しており，この2つが Bluetooth により相互接続可能ならば，印刷機能をプリンタに集中させることで，印刷装置を省略した FAX 電話が実用化される．このように Bluetooth は新しい用途を数多く生み出す可能性があり，さらに規格が進み，新しいシーズが生まれれば新たなメリットも創出される．

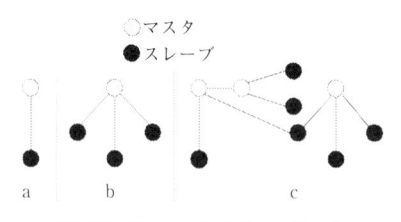

図4.7 Bluetoothのネットワーク

Bluetoothでは図4.7に示すように，ピコネットとスキャッタネットの2種類の無線接続形態を想定している．ピコネット（図中 a, b）は Bluetooth の最小単位（ネット）で，1台のマスタ（親機）の周り約 10 m 以内の距離に，スレーブ（子機）を最大7台まで接続できる．またスキャッタネット（図中 c）は，これらピコネット同士を連結して構成したネットワークで，約 100 m 程度までの範囲で無線接続を実現できる（理論的にはピコネットを 100 個以上接続したスキャッタネットも構築可能）．ここでスレーブは必ず1台以上のマスタ（ピコネット）の下に属しており，基本的にすべてのスレーブはホストになることもできる．家庭のなかの電化製品を例に Bluetooth のネットワーク接続例を図4.8（携帯電話でダウンロードした情報をステレオに伝送する例）に示す．図のようにさまざまな電化製品が Bluetooth により無線接続され，利用者の場所や目的機器までの経路に応じて，自律分散的にデータの交換が実現される．

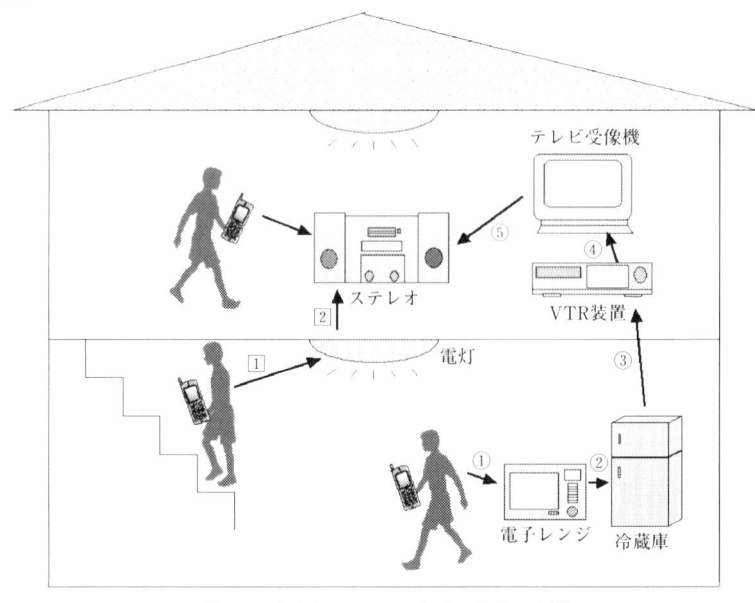

図4.8 家庭内の Bluetooth ネットワーク例

4.3 マルチモーダル対話

マルチメディアを扱う応用システムが増えるに従い,ユーザインターフェース (User Interface; UI) についてもキーボードとマウスだけでなく,扱われるメディアの種類と応用分野に適した方法が考えられるようになった.マルチモーダル対話 (Multi-Modal Interaction; MMI) がそれである.ここでは最初に,コンピュータ UI の歴史を振り返る.続いて,マルチメディアの応用分野で果たす UI の役割と課題を概観した後,MMI とその例について説明する.

a. コンピュータ UI の歴史

コンピュータ UI の世界では,キーボードを操作する「テキストコマンドベースの対話」の時代が長く続いた(コンピュータ UI の第 1 世代).この対話方法は,ユーザがコンピュータの機能を知っていることを前提としたが,多くの場合,専門家が会計や資材管理といった定型業務を対象に従事していたため,UI が問題になることは少なかった.

1980 年代に入ると,ダウンサイジング(大型コンピュータシステムの機能がワークステーション (Work Station; WS) やパーソナルコンピュータ (Personal Computer; PC) から構成される複合システムで代替できるようになること)が進み,コンピュータは個人にとって身近なものになった.それに伴い,不特定多数の個人が文書作成 (Word Processor; WP),表計算,電子メール,DB の作成・利用といった日常業務を行うようになった.こうした業務では,まずテキストが作成され,それを受けて関連する処理(メール送信,個人 DB への保管・管理など)が行われる.すなわち多くの場合,一連の作業の流れ(ワークフロー)が構成される.このため各業務の中で,テキストやファイルに対する類似操作が数多く現れる.そこで,類似操作をアイコン,プルダウンメニュー,drag & drop などで行う Graphical UI (GUI) が提案され,格段に使い勝手のよい UI として普及した.キーボードとマウスによる「GUI ベースの対話」は,画面からある程度機能と操作を読み取れるため,専門家でなくとも使用できた(コンピュータ UI の第 2 世代).

1990 年代になると,さまざまなマルチメディア処理機能が WS と PC に装備

され，続いて2000年代に入り，ネットワークを介したマルチメディアサービスが始まる．利用端末はPC以外，すなわち携帯，カーナビ，ディジタルTVなどと多様化した．マルチメディア分散環境でのサービスが広がるにつれて，扱われるメディアや応用に柔軟に対応できるUIが要請されるようになった．さらに，コンピュータをより人間に近づけるため，人間のように複数のメディアを統合制御しながら対話できる「MMIベースの対話」が，第3世代のコンピュータUIとして登場してきた．

b. マルチメディア時代のUI

コンピュータUIに関しては，これまで利用者の側から以下のような要望があげられ，改善が試みられてきた．

(1) マニュアルを読まずに使える．
(2) 同種のアプリケーションは，機種にかかわりなく同じUI環境で使える．
(3) ストレスを感じずに使える．
(4) 使うほどに技能が向上する．

厚いマニュアルを前にすれば利用者の気も萎える．現状のコンピュータUIは，言葉を覚える際にひたすら「イディオム」を覚えるように，個々の機能に対する操作をGUIの中から獲得し身につける方針で設計されている．(2)の項目がクリアされているなら，少なくとも覚え直す必要はないということである．(3)のストレスに関しては，もし(4)のように技能が伸びるなら，すなわち何らかのメソッドが提供されそれに沿って習熟できるなら，ストレスは一時的なものになる．このことは，キーボードにおけるタッチメソッドを考えてみると理解されよう．キーボードアレルギーにとどまっている利用者と，ブラインドタッチを習得した利用者との差である．MMIについても，むずかしい操作を伴うとしたら技能（スキル）を向上させるメソッドを同時に提供する必要がある．

次に，将来のマルチメディア応用の中で果たすUIの役割と課題を考えてみよう．マルチメディア文書作成には，現在，多くのスキルが必要とされる．一般の人が使いこなせる道具（マルチメディアオーサリングツールなど）が望まれる．一方，個々のメディアを構造化しオブジェクト化することで，直接マルチメディアオブジェクトを操作できる環境が整うが，オブジェクト間で同期をとり，リンクを張るなどの作業は，専門知識を必要とするばかりでなく，個々人でも作業の

意図が異なる．こうしたことから，一般の人に使える「賢い道具」を提供するだけでなく，利用者が自分の意図通りに道具を使いこなすためのメソッドを合わせて提供する必要がある．

マルチメディア通信は今後も，重要なサービスであり続けると考えられる．新しい通信では，通信路を挟んで人と人が対話する点で従来の電話と同じであるが，多様なメディア（音，文字，映像）を活用し，あるときはより知的に，またあるときは臨場感豊かに会話を楽しめるだろう．MMIベースの対話は，こうした新しい会話スタイルを生み出し，定着させるのに役立つと期待される．

ネットワーク社会では，いつでもどこにいても知りたい情報が提供され，それを多様な端末から利用できるようになる．マルチメディア情報端末をネットワークに接続すると，得られるサービスは多岐にわたるため，分野（domain；観光案内，地理案内，金融など）とタスク（task；情報アクセス，計画など）に応じて，対話方法を柔軟に組み合わせ提供する必要がある．このためには，タスクのシナリオ（ゴールに向けて組み立てられた対話の記述）と実際の対話履歴から，利用者の意図を理解するなど，能動的で深いレベルの対話を制御する「対話管理者（マネジャ）」の存在が不可欠である（c項参照）．

以上に概観したように，マルチメディアの応用に即した，またメディアとその組合せに適した多様な対話を可能にする枠組みが，現在望まれている．

c． マルチモーダル対話[1]

マルチモーダルの説明をする前に，マルチメディアがもつ情報を言語情報とそれ以外の情報から概観してみよう（表4.1参照）．表から最初にわかることは，人間が日常受け取り，発信する情報の多くは非言語情報であるということである．次に，われわれは言語情報をさまざまなメディアから，時には複数のメディアから同時並行的に得ているということである．

非言語情報とされるものは多岐にわたる．例えば，個体を他と区別する情報（個人性）は，身体的特徴，装い，動作，話し方，時には字体やその人の座る場所からわかることもある．また感情に関する情報もある．その人がどのような心的状態にあるか（あるいはあったか）を，われわれは表情や声から知ることができる．また，時には普段と異なる服装や字体，あるいは話す際の距離のとり方などから気づくこともある．

表 4.1 マルチメディアが担う言語情報と非言語情報

言語情報
　映像メディア：手話，ジェスチャ，口形，狼煙，手旗，…
　音メディア　：音韻，韻律
　文字メディア：音標文字，象形文字
非言語情報
　映像メディア：身体の生理的特徴（体型，皮膚，頭髪，容貌，…）
　　　　　　　　装　い（服装，装身具，化粧，…）
　　　　　　　　動作特徴（表情，視線，身振り，…）
　　　　　　　　空間配置（距離，位置，…）
　音メディア　：パラ言語（大きさ，高さ，時間長，話し方…）
　文字メディア：字体，配置，…
　他のメディア：におい，接触，…

　マルチモーダルとは複数のモダリティ（modality）という意味をもつが，モダリティとは上に述べた中では言語，個性，感情にあたる．もとは心理学の分野で知覚的様相を指して使われた言葉である．すなわち，言語，個性，感情といったモダリティは，人間の脳にそれらを処理するメカニズムがあるから知覚され，伝達されると仮定する．ここではモダリティという言葉を，「（相手が意識する／しないにかかわらず）対話空間が発信する知覚可能な情報を用いた伝達様式」と定義する．相手が意識する／しないにかかわらずとは，感情がつい表情にでてしまっているような場合，あるいは本人は意識していないがいつも隅に席をとり，そのことが性格を反映しているといった場合を指す．また対話空間が発信するとは，対話の当事者（達）だけでなく，位置どり・場所などの周辺情報もモダリティとして知覚されるからである．

　1つのモダリティが複数のメディアに担われることもあれば（例えば音声とテキストで「言葉」を伝える，「感情」が表情と声に現れるなど），逆に複数のモダリティが1つのメディアに重畳して使われることもある（例えば，音声に「言語」のほか「個性」や「感情」が重畳されるなど）．本来は，後者の場合をマルチモーダルといい，前者のように同じモダリティを担うメディアチャネルが複数あってもマルチモーダルと呼ばない．

　しかし，同じモダリティ（例えば言語）を扱っているようにみえる場合でも，人間はメディアの使い方を変えて，異なるモダリティを表現していることが多い．例えば教師が教室で，白板に字を書きながら講義をしている場面を考えてみ

よう．白板の文字と教師の声は，同じ「言葉」を伝達しているようにみえる．しかし，よく観察するとそれらの役割や意味を違えながら利用していることがわかる．送り手も聞き手もその役割と意味（例えば，ここは大切な箇所である，ここは流して聞いてよい，…）を理解しているとすると，そこには他のモダリティ（この例では「重要性」）が知覚されており，これもマルチモーダルな対話といえる．

マルチモーダル対話は比較的新しい研究分野である．単一モダリティの利用に関しても，利用者あるいはシステムの意図をさまざまなメディアにのせて伝える研究は，マルチメディアのサービス環境整備と並行して進められている最中である．こうした状況から，「入力と出力のどちらかに複数のメディアチャネル（入力：文字，音声，ジェスチャなど．出力：音声応答，テキスト表示，画像・映像表示など）を備え，利用者がメディアを操作することにより1つのモダリティを伝えたり，あるいはシステムがメディアに1つのモダリティを担わせることができる対話システム」もマルチモーダル対話システムと呼ぶのが一般的である．もちろん単一のメディアチャネルでも，複数モダリティを扱うなら，これは本来の意味でマルチモーダル対話システムと呼べる．

以下では対話の中で，メディアとモダリティがどのように組み合わされ，利用されているかを説明した後，対話システムの例と課題を述べる．

1) モダリティやメディアの組合せが与える効果

マルチメディアを用いた対話では，メディアやモダリティを効果的に利用することが求められる．複数のメディアやモダリティに役割を分担したり，より積極的にはこれらを連繋させることが望まれる．モダリティおよびメディアの組合せ方と期待される効果を示すと以下のようである（表4.2参照）．

(1) 対話の局面に応じて，メディアとモダリティを適切に選択使用する．
　　期待する効果：対話を直感的にわかりやすくする．
(2) 複数のメディアやモダリティを組み合わせて冗長性をもたせる．
　　期待する効果：対話を円滑にする．頑健（ロバスト）にする意図も．
(3) 複数のメディアやモダリティを統合して，意味を確定したり強化する．
　　期待する効果：対話を人間に近づける．効率を高める意図も．

対話を直感的でわかりやすくするには，メディアとモダリティの役割を適切に配分する必要がある．利用者がコンピュータに対面したとき，コンピュータが提

表 4.2 対話におけるメディアとモダリティの使用方法

期待効果	例	備考
・対話を直感的でわかりやすく ↓ メディアとモダリティを適切に選択	・表示でガイド，タッチで入力，音声でガイド，音声で入力 ・システム状態をエージェントの表情（普通…険しい）で，警告時はビープ音使用	・メディアやモダリティに役割を分担（連携はないことも） ・使い方は逐次的，並行的（択一的含む）
・対話を円滑にまたロバストに ↓ 冗長性をもたせる	・グラフで一覧，音声で詳述 ・読み上げと同期して，口形（顔画像）表示 ・音声とタッチで並行入力	・同じメッセージ対象 ・メディア間で連携 ・使い方は並行的（択一的含む）
・対話を人間に近づける ↓ 統合により，意味を確定/強化	・「これ」と言い（照応）図式をサークリング ・擬人化エージェントの使用（吹出し，動作，音声）	・モダリティ間で連携 ・使い方は並行的（択一的含む）が多いが，逐次的の場合も

供する表示や応答から，どんな操作が可能かを利用者が把握できなければならない．利用者に対してコンピュータが提供する「行為の可能性に関する情報」は，アフォーダンス（affordance）と呼ばれる[2]．GUI を例にとると，ボタン形状から機能（行為の可能性）をある程度類推できることが望ましい．人間同士の対話では，音声と視覚メディアをうまく使い分けている．表 4.2 の例では，表示と画面への直接タッチ，あるいは音声によるプロンプト（システムからユーザに与えられる入力を促すメッセージ）と音声入力が，相性のよい組合せとして示されている．擬人化エージェントの表情も多くの情報を与える．例えばシステムの状態（音声入力可能・入力禁止など）を知らせる際に，擬人化エージェントの顔表示（耳を大きくしたり，口にバッテンをかぶせる）を利用するなどである．

メディアとモダリティは，図 4.9 に示すように逐次的・並行的あるいは択一的に組み合わせて使用される．入力操作を逐次的に行う対話は，不慣れな利用者にとってわかりやすい UI である．また択一選択的に操作する対話方法は，複数の入力手段を用意する必要があるが，利用者にとっては使いやすい UI になる．伝えるメッセージが同じ，すなわちモダリティは同じだが複数のメディアを同時並行的に利用する対話は，冗長ではあるが対話を円滑にしたり，頑健にする利点をもつ．例えば騒音が大きいとき，音声だけでは聴き取りにくいが，口の動きやテキストを同時に参照できるなら，情報を的確に把握できる．また，メッセージが

4.3 マルチモーダル対話

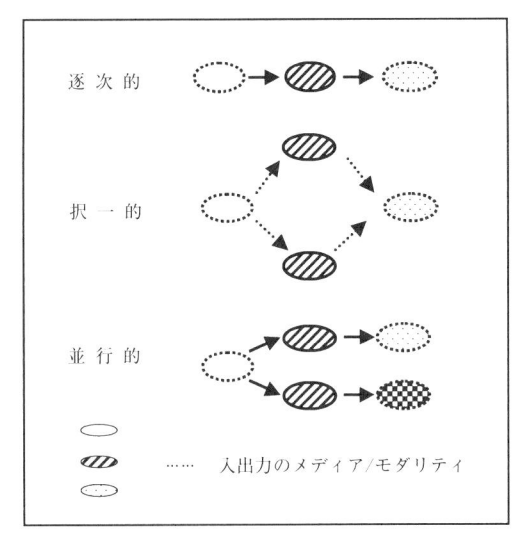

図 4.9 メディアとモダリティの組合せ方

異なる場合は，複数のモダリティが制約として働き，意味を確定したり，強化することができる．これにより対話を効率よく進めることができる．表示テキストに対するポインティング指示を例にとると，テキスト全体を指示しているのか，行を指示しているのか，あるいは文字を指示しているのか判然としない．「この行（を消して）」とポインティグと同時に発話することではじめて意味が確定する．

対話の際に各メディアを入力/提示する時間順序も重要になることがある．映像メディアと音メディアを例にとると，文の読み上げや図の説明などでは映像を先行させ，注意を喚起する際などには音を先行させると対話が円滑になることが多い．また，対話に使用するメディアの組合せには，音声入力に対する音声応答（呼べば応える）や，ジェスチャを用いた入力に対する視覚表示といった相性がある．

入力方式については，携帯機器，家庭用機器，車載機器などを中心に，キーボードとマウスに代わる方式が望まれている．音声入力あるいはペン入力はその有力な候補である．この 2 つは，表 4.3 に示すように互いに相補的な特性をもつため，組み合わせて利用することで互いの欠点を補うことができる．電話をかける場面を例にとると，利用者が画面の中の電話メタファをペンで押しながら「A

表4.3 ペン入力と音声入力における相補性

項　目	ペン入力	音声入力
利用者の拘束	・パッドの上に構えて操作（目と手を拘束する） ・利用場所の制限は少ない	・動作は拘束しない ・会議中，騒音下で使えない
入力速度	・遅い	・速い（健常者の場合）
記録・編集	・記録に残り，編集も簡単	・記録・編集には不向き
入力対象	・少項目の確実な直示に向く ・文字・図形・ジェスチャと多彩な機能をもつ	・多項目の直示が可能 ・感情・個人性を表現しやすい
その他	・考えながらの入力に適する ・聴覚・発声障害者も利用可	・即応的な使い方に適する ・視覚障害者も利用可

さんにつないで」と言うと，Aさんを含むディレクトリが表示され，ポインタはAさんを指示する．利用者はこれを目で確認した後，確認ボタンを押す（もしくは「確認」と発声する）だけでよい．これを膨大な電話ディレクトリを相手に目視で捜す場合と比べるなら，音声とポインティングを組み合わせたUIの優位がわかるであろう．視覚的メタファとペンによるポインティング操作の組合せは，対象が小項目のときに効果的でよく利用される．しかし，ペンポインティングはメニュー選択と同じく目を使うため，選択肢が7±2の範囲を超えると操作効率が低下する．一方，音声入力による検索とポインティング操作の組合せは，直接，多項目にアクセスすることができ，選択肢（正解を含む候補）を7±2程度に抑えられるなら，視覚への負担が少なく優れたUIとなる．

このほか対話では，メディアの違いを活かすとともに，対話の自然な流れを形成することが大切である．例えば，情報の送り手（利用者/システム）が意図したメディアと，受け手（システム/利用者）が期待しているメディアにズレを生じることがある．複数のメディアを利用するなど，情報の担わせ方に冗長性をもたせることも対策の1つである．ほかには，受け手が予期しているメディアとメッセージを考慮して，先に述べたアフォーダンスをうまく利用することが効果的である．例えば擬人化エージェントは，言葉（音声，吹出しの文字）のほか，顔表情，しぐさ，音といったノンバーバルインタフェース[3]によって，システムの能力，状態，そして意図を利用者に伝えることができる．

2) マルチモーダル対話システム

マルチモーダル対話システムの本格的研究は1980年代後半から始まった[4〜6]．

4.3 マルチモーダル対話

ここでは，地理案内を目的としたマルチモーダル対話システム（図 4.10 参照[5]）とその動作例を説明しよう．

① 初期画面は地理案内をガイドする擬人化エージェントが表示されている．利用者が近づくと，センサ（もしくはカメラ）を通して接近が自動検知され，プロンプト「受話器を取って目的地を言ってください」がだされる．このとき，エージェントが音声と同期

図 4.10 地理案内マルチモーダル対話システム（東芝 MultiksDial）

して口を動かせるなら，リアリティが増すとともに騒音下でも音声を了解しやすくなる．利用者が一定時間以上受話器を取っていないことを検知した場合，システムは初心者と判断して使い方を映像で案内する．

② 利用者は案内に従い，例えば「東京ビルへ行きたいんだけど」と言う．このとき，慣れた人なら案内の説明途中に発声してもよい．

③ システムは発話を認識し，結果（「東京ビルですね？」）を画面とスピーカから出力するとともに，次の操作（「よろしければハイと言って下さい．あるいは画面のボタン（ハイ，イイエのボタンが表示されている）を押して下さい．また間違っていましたらイイエをお願いします」）を指示する．

④ 利用者は例えば「ハイ」のボタンを押す．

⑤ システムは続いて地理案内図を印刷するか，目的地までのルートを確認したいかを尋ねる．

⑥ ………

この例でわかるように，マルチモーダル対話システムを実現するには，さまざまな入出力モダリティに対応する機器とソフトウェア，そして対話制御のためのソフトウェアが必要になる．図 4.11 に一般的なシステムの構成例を示した．この例ではペン入力（ポインティング（座標入力）あるいは文字入力に使用．先の例では指タッチ）および音声入力を使用し，一方，出力としては擬人化エージェントによる合成音声，吹出し（balloon 中のテキスト），および顔表情によるモダリティ伝達を利用している．以下にシステムで用いられた要素技術を説明する．

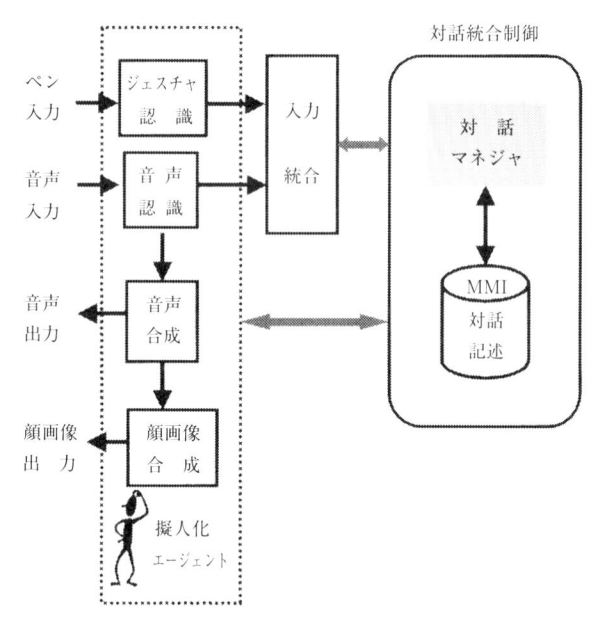

図 4.11 マルチメディア対話システムの構成例

ⅰ) ペン入力[7]　ペン（タッチパネルの場合は指による）は，ボタンなど位置座標を入力するためのポインティング，あるいは文字，線引き，サークリングなどのディジタルインク，さらに認識技術を使用した文字・記号・図形入力に利用される．ペンは主に PDA (Personal Digital Assistance) などの携帯端末に，一方，指タッチは情報キオスクなどの端末に使用される．ポインティング操作により，ある機能を実現させる場合は，先に述べたアフォーダンスが鍵になる．スクリーン上にさまざまなアイコンやメタファを配置し，それらから発信されるメッセージを通して，利用者が操作結果を理解できる仕掛けが重要である．文字認識を利用する場合は，通常の筆記スタイル（記入枠なし，続け字）で入力できることが課題である．

ⅱ) 音声入力[8]　対話システムでは，発話に対する制約がない「自然な発話 (spontaneous speech)」を前提としなければならない．このため読み上げ音声と比較して，不明瞭な発声，不要語（「えーと」など）や言いよどみの出現，さらには文法的に不適格な (ill-formed) 発話が多く観察される．こうした現象に対処するには，対話内容への制約を利用する必要がある．話し言葉に対応した N-

gram 文法を作成したり,対話内容に則した文法(正規文法など)を優先的に適用する方法が検討されている.

対話制御を柔軟に進める仕掛けも必要である.対話履歴を利用してシステムの応答文を決定したり,認識結果の信頼度(confidence measure)を推定して誤り部分の問い返しを行うことなどが試みられている.またシステムからの応答途中に,利用者が割り込んで話すこと(barge-in)もある.このような場合は,擬人化エージェントの反応動作と協調して音声応答を適切なタイミングで止め,確認応答を行うことになる.

iii) 擬人化エージェント 画面に擬人化エージェント(anthropomorphic agent)を登場させ,対話をスムースに進めることは,ことに初心者に対して効果的である.擬人化エージェントは,顔の表情,身体動作といった非言語情報と,合成音声や吹出しによる言語情報の双方を同時に伝えることができる.口唇と合成音といった複数の動作を同期させることが重要である.

音声合成では,話し言葉(「それってどこ?」など)に対する形態素解析,対話状況や意図を反映する合成音出力方法(制御の埋め込み),擬人化エージェントの個性に合った音質を提供することなどが課題となっている[9].また,あらかじめテキストを用意しなければならない文-音声変換から,概念(単語で与えられる)からテキストを生成して音声を合成できる,「概念からの合成(synthesis by concept)」も,今後,対話に必要な技術である.

顔画像合成は,アニメーションを使用するものと,人の顔画像を取り込んでモデル化するものがある.現在は対話システムが未成熟なため,違和感の少ない前者が多く用いられているが,キャラクタと合成音のミスマッチが問題になりやすい.一方後者では,顔の動きに対する違和感がでやすく,実在する人物の表情をいかに忠実にアバタ(画面内に登場させる本人の化身)の表情としてコピーするかが課題である[10].音声合成との関係では,あらかじめすべての音韻に対応する口形を用意し,口形を含む顔表情と合成音声との同期(リップシンク)をとる必要がある.このほか,合成音声と協調して感情を付与すること,読唇を可能にする動き制御などが課題である.

iv) 対話マネジャ[11] 対話マネジャは,利用者から多様な入力操作を受け付けるとともに,操作意図をシステムのもつさまざまな知識から推定することで,適切な応答を返す.こうした対話制御には,対話モデルと,対話モデルの指

示に沿って処理（入力操作の受付け，複数入力の統合，応答処理の指定など）を実行する対話マネジャが必要になる．

対話モデルの記述手段としては，音声対話記述言語としてVoiceXMLがあるが[12]，マルチモーダル対話を記述する標準的な言語仕様の策定は今後の課題である．図4.12はハンバーガーショップを例に，マルチモーダル対話記述言語XISL[13]を用いて記述したものを示す．この例では，入力操作手段として音声とタッチが，応答手段として音声とディスプレイが使用されている．図では注文に関する対話（(a)のタグ〈dialog〉とその終了タグ〈/dialog〉で囲まれた部分）が記述されている．対話が終了すると，支払い（payment）に関する対話に移行する（(h)）．対話途中に，利用者が別の対話を交わす（例えば飲み物の種類を

```
<?xml version="1.0" encoding="Shift-JIS"?>
<!DOCTYPE xisl SYSTEM "xisl.dtd">
  <body>
    <dialog id="order">·········································································· (a)
      <exchange>··················································································· (b)
        <operation comb="par">······························································ (c)
          <input type="touch" event="click" ·················································· (d)
                match="item[burger:=`id]/fig"/>
          <input type="speech"
                event="(一つ|二つ|三つ)"
                match="hamburger" namelist="number"/>
        </operation>
        <action comb="par">································································· (e)
          <get_value target="ham.xml" var="burg_name"
                match="item[@id=$burger]/name">··········································· (f)
          <output type="agent" event="speech">················································ (g)
              <![CDATA[<param name="speech_text">
              $burg_nameを$numberですね
              </param>  ]]>
          </output>
              :
              :
          <goto next="payment">································································ (h)
        </action>
      </exchange>
              :
    </dialog>
  </body>
</xisl>
```

図 4.12　マルチモーダル対話記述言語の例（XISL）

尋ねるなど）の場合，いわゆる割込み対話が起こる場合は，あらかじめこうした割込み対話を記述しておき（ルート対話と呼ばれる），進行中の対話と並行して「聞き耳を立てる」ことになる．通常，割込み対話が終了すると元の対話に戻る．1つの対話はいくつかのサブ対話からなる．対話のやり取りの最小単位をターン（turn）と呼ぶ．図の exchange タグ(b)で囲まれた部分がこれにあたる．対話のやり取りは利用者の操作（operation；図の(c)）とシステムのアクション（action；図の(e)）の対（つい）で構成される．入力操作（input；図の(d)）は，複数のモダリティの型（type）を利用して行うことができる．図のケースでは，タッチでハンバーガーを指定し，音声で個数を入力する場合を記述している．最後に，システムはハンバーガー名と個数を画面上のエージェントを通して確認する．この例では，出力（output；図の(g)）はエージェントの声で伝えるように記述されている．

対話マネジャは，記述された対話シナリオに従いマルチモーダル入力を処理する．しかし対話を円滑に処理するには，システム主導による一方的な対話だけでなく，上の例でふれたように，ユーザ主導も混在できること（混在主導（mixed initiative））が望ましい．これには割込み機能（barge-in）が必要である．すなわち，システムが応答中でも音声入力を受け付けるとともに，割込みを検出次第，応答音を打ちきり適切な応答を返すなどである．利用者からの割込みを許すと，(1)確認，誤り訂正，(2)話題切換えなどに対応しなければならない．このため対話マネジャは，通常の対話シナリオと対話切換えのための対話シナリオを並行して処理する，すなわち聞き耳を立てる必要がある．このような対話制御は，ルート対話と呼ばれる常時オン状態の特別な対話を記述することで実現される[12]．対話マネジャは対話を中断した後，その対話が終了し次第，必要なら復帰処理を行い中断した対話に戻らなければならない．

マルチモーダル対話システムの開発は，単一モーダルシステムと比較して，多くの専門知識を必要とする．（ラピッド）プロトタイピングツールは，対話モジュールのパラメータ設定，対話シナリオの記述や対話制御に GUI 環境を提供することで，設計と評価の期間を大きく短縮し，開発者の負担を軽減する[14]．

参 考 文 献

■ 2.1 節
1) 藤原　洋監修：画像音声圧縮技術のすべて，CQ 出版社，2000．
2) 今井秀樹：情報理論，昭晃堂，1984．
3) 北脇信彦編著：ディジタル音声・オーディオ技術，オーム社，1999．
4) 中川聖一：情報理論の基礎と応用，近代科学社，1992．

■ 2.4 節
1) 松本祐治，影本太郎，永田昌明，斎藤洋典，徳永健伸：岩波講座 言語の科学，3 単語と辞書，pp. 58-73, 岩波書店，1997．
2) 金田一春彦：明解日本語アクセント辞典（第 2 版），三省堂，1981．
3) NHK 編：日本語発音アクセント辞典，日本放送出版協会，1985．
4) 佐藤大和：講座「日本語と日本語教育」第 2 巻日本語の音声・音韻（上），明治書院，1989．
5) 河井恒，広瀬啓吉，藤崎博也：日本語文章音声の合成のための韻律規則，日本音響学会誌 **50**(6), pp. 433-442, 1994．
6) F. J. Charpentier and M. G. Stella : Diphone synthesis using an overlap-add technique for speech waveforms concatenation, Proc. IEEE Int. Conf. Acoust., Speech, Signal Processing, pp. 2015-2018, 1986.
7) D. H. Klatt : Software for a cascade/parallel formant synthesizer, *Journal of Acoustical Society of America*, **67**(3), pp. 971-995, 1980.
8) 中嶌信弥，浜田洋：音素環境クラスタリングによる規則合成法，電子情報通信学会論文誌，**J72-D-II**(8), pp. 1174-1179, 1989．
9) 佐藤大和：PARCOR-VCV 音韻連鎖を用いた音声合成方式，電子通信学会誌，**J61-D**(11), pp. 858-865, 1978．
10) 板倉文忠，嵯峨山茂樹：線スペクトル周波数をパラメータとした音声合成法とその LSI 化，日経エレクトロニクス，No. 257, pp. 128-159, 1981．
11) 今井聖，住田一男，古市千絵子：音声合成のためのメル対数スペクトル近似 (MLSA) フィルタ，電子情報通信学会論文誌，**J66-A**(2), pp. 122-129, 1983．

12) 矢頭　隆，三木　敬，森戸　誠，山田興三：対称音素波形を用いた任意単語合成方式，日本音響学会音声研究会資料，**S83-67**，pp. 525-532, 1984.
13) 篭嶋岳彦，赤嶺正巳：閉ループ学習に基づく代表素片選択による音声素片の自動生成，電子情報通信学会論文誌，**J81-D-II**(9), pp. 1949-1954, 1998.

■ 3.2 節

コンピュータグラフィックスについてより詳しく知りたい読者は以下の文献を参照されたい。

1) CG における基礎数学について．
    i) 杉原厚吉：グラフィックスの数理，共立出版，1995．
    ii) 金谷健一：形状 CAD と図形の数学，共立出版，1998．
    iii) 島田静雄：CAD・CG のための基礎数学，共立出版，2000．
    iv) 郡山　彬，原　正雄，嶺崎俊哉：CG のための線形代数，森北出版，2000．
2) 実際のプログラムやアルゴリズムなどについて．
    i) 河合　慧：基礎グラフィクス，昭晃堂，1985．
    ii) 山口富士夫監修：実践コンピュータグラフィックス—基礎手続きと応用—，日刊工業新聞社，1987．
    iii) 安居院猛，中嶋正之：コンピュータグラフィックス，昭晃堂，1992．
    iv) 大石進一，牧野光則：グラフィックス，日本評論社，1994．
    v) 中嶋正之監修：3 次元 CG，オーム社，1994．
    vi) 青木由直：コンピュータグラフィックス講義，コロナ社，1997．
    vii) 千葉則茂，土井章男：3 次元 CG の基礎と応用，サイエンス社，1997．
    viii) 塩川　厚：コンピュータグラフィックスの基礎知識，オーム社，2000．
3) 電子透かしについて．
    i) 松井甲子雄：電子透かしの基礎—マルチメディアのニュープロテクト技術—，森北出版，1998．
    ii) 小野　束：電子透かしとコンテンツ保護，オーム社，2001．

また，OpenGL, Mesa および POV Ray に関する情報は以下の Web サーバから取得可能である。

1) http://www.sgi.com/software/opengl/
2) http://www.mesa3d.org/
3) http://www.povray.org/

■ 3.3 節

1) 小畑秀文：モルフォロジー，コロナ社，1996．

2) 高木幹雄他監修：画像解析ハンドブック，東大出版会，1991.
3) 尾上守夫編：画像処理ハンドブック，昭晃堂，1987.
4) 田村秀行監修：コンピュータ画像処理入門，総研出版，1985.
5) ラメルハート：PDP モデル，産業図書，1989.

■4.1節

1) M. Bryan 著，山崎俊一監訳，福島　誠訳：SGML 入門，アスキー出版局，1991.
2) http://www.w3.org/MarkUp/
3) ISO/IEC DIS 13522-1, Information technology—Coding of multimedia and hyper information—Part 1, MHEG object representation, base notation (ASN. 1), 1994.
4) ISO/IEC 10744, Information technology — Hypermedia/ Time-based Structuring Language (Hytime), 1992.
5) http://www.w3.org/XML/
6) http://www.w3.org/Style/XSL/
7) http://www.w3.org/AudioVideo/
8) http://www.w3.org/RDF/
9) http://www.w3.org/Voice/

■4.3節

1) 新田恒雄：GUI からマルチモーダル UI（MUI）に向けて，情報処理学会誌，**36**(11), pp. 1039-1046, 1995.
2) 佐々木正人：アフォーダンス― 新しい認知の理論，岩波科学ライブラリー 12, 岩波書店，1994.
3) 黒川隆夫：ノンバーバルインタフェース，オーム社，1994.
4) R. A. Bolt : The Integrated Multi-modal Interface, 電子情報通信学会論文誌 D, **70**(11), pp. 2017-2025, 1987.
5) 神尾広幸，松浦　博，正井康之，新田恒雄：マルチモーダル対話システム MultiksDial, 電子情報通信学会論文誌, **J77-D-II**(8), pp. 1429-1437, 1994.
6) 竹林洋一：音声自由対話システム TOSBURG II ― ユーザ中心のマルチモーダルインタフェースの実現に向けて，電子情報通信学会論文誌，**J77-D-II**(8), pp. 1417-1428, 1994.
7) 田村　博編：ヒューマンインタフェース，10.3 ペン入力，pp. 186-193 , オーム社，1998.
8) 甲斐充彦，伊藤克亘：対話システムにおける音声認識，情報処理学会研究報告，

SLP-33-2, pp. 7-12, 2000.

9) 山下洋一：対話システムにおける音声合成, 情報処理学会研究報告, SLP-33-4, pp. 19-24, 2000.

10) 四倉達夫, 藤井英史, 森島繁生：サイバースペース上の仮想人物による実時間対話システムの構築, 情報処理学会論文誌, **40**(2), pp. 677-686, 1999.

11) 新田恒雄, 下平 博, 西本卓也：対話システムにおけるモジュール統合とプロトタイピング, 情報処理学会研究報告, SLP-33-5, pp. 25-30, 2000.

12) http://www.w3.org/Voice/

13) 桂田浩一, 中村有作, 山田 真, 小林 聡, 山田博文, 新田恒雄：音声対話記述言語 VoiceXML と MMI 記述言語 XISL の比較, 情報処理学会研究報告, SLP-38-8, pp. 49-54, 2001.

14) 神尾広幸, 雨宮美香, 松浦 博, 新田恒雄：マルチモーダル UI におけるモダリティ制御統一のためのモデル化手法, 情報処理学会論文誌, **40**(4), pp. 1472-1481, 1999.

索　引

ア 行

アクセント型　43
アドホック　167
アナログ記録　11
アバタ　181
アフィン変換　98
アフォーダンス　176

インターネット　162
インターレーススキャン　90
イントネーション　44
イントラDCT精度　90
隠面消去　104
韻律情報　43

動き補償処理　76,77

エントロピー　129
エントロピー符号化　20,76

オーディオ周波数　9
音の大きさのレベル　10
音圧　9
音圧レベル　10
音源の生成　29
音声規則合成　41
音声合成器　45
音声信号　28
音声入力　180
音声認識　29
音声符号化　28

カ 行

概念からの合成　181
拡散反射光　100

学習係数　145
拡張仮想感　108
角モーメント　129
隠れマルコフモデル　60
画素　102
仮想現実感　108
画像情報圧縮　73
画像認識　110
画像フォーマット　85
かな漢字変換　155
可変伝送容量　165
カメラ座標系　96
環境光　100
完全データ　54

擬人化エージェント　5, 178, 181
基本周波数　10
境界表現　94
鏡面反射光　100

空間的予測　79
空間フィルタリング　113
区分的線形識別関数　133, 148
グーローシェーディング　103
クロネッカーのデルタ　12

形状特徴量　126
形態素　155
形態素解析　42
言語情報　173

光源　99
高精細画像　84
合成単位　44, 45
高調波成分　12

高能率符号化　162
勾配法　81
固定機器　167
コーパス　7
混在主導　183
コンスタントシェーディング　103
コントラスト　129
コンピュータグラフィックス　92
コンピュータUI　171

サ 行

最急勾配法　146
最小可聴限界　25
最大事後確率復号　52
最短距離識別法　130
最長一致法　42
最尤推定　53
最尤復号　53
最尤法　139
雑音除去　114
サーフェスモデル　94

子音　44
シェーディング　102
識別　111, 130
シグモイド関数　143
シーケンシャルDCTベース　79
システム主導　183
舌からの放射　29
周波数ホッピング　164
準動画　79
情報源符号化　20
情報量　18

信号対雑音比　18

スキャッタネット　170
スキャン方法　90
スキャンライン法　104
スケーラビリティ　90
スネルの法則　102
スペクトラム　13
スペクトル拡散通信　164
スペクトル強度　12
スペクトル分布　28
スムースシェーディング　103
スレーブ　170

正規分布　136
静止画像　79
生成源符号化　30
世界座標系　97
全極形システム　32
線形識別関数　131
線形PCM　19
線形予測　31
線形予測係数　31
線形予測分析法　31
線形量子化　16
前処理　111, 113

総当たり法　42
相関　129
相関係数　34
相関係数行列　22
相関符号化　20
相関法　81
走査線　102
ソーベルフィルタ　121
ソリッドモデル　94

タ 行

帯域制限された波形　15
対話記述言語　182
対話マネジャ　181
ダウンサイジング　171
タグ　160
タスク　173
タスクモデル　5

端末機器　167
中間層　148
中高型　43
中心投影　96
長音化　42
聴覚心理モデル　26
直接拡散　164
直交変換符号化　77

通信容量　162
通信路符号化　20

ディジタル記録　11, 16
ディジタル放送　73, 164
ディジタルメディア　3
テキストコマンド　171
テクスチャ　107
テクスチャマッピング　107
点光源　99
電子透かし　110
伝送方式　163

同音異義語　155
透過光　102
同期型　162
同形異音語　43
統計的識別法　134
頭高型　43
特徴抽出　111
特徴量の抽出　126
ドメイン知識　5

ナ 行

2次識別関数　138
2次微分形フィルタ　119, 121
2進符号化　79
ニューラルネットワーク　142
ニューロン　142
ニューロン数　149

ネットワークエージェント　6

濃度共起行列　128
濃度特徴量　127

ハ 行

ハイアラーキカル　79
ハイブリッド式音声符号化　41
波形合成　48
パケット　162
バーチャルスタジオシステム　108
発音記号　42
白血球分類　150
発話器官による調音　29
ハフマン符号　20
ハフマン符号化法　23
ハフマンブロック符号化法　24
パルス化周波数変調　164
パルス符号変調　19
反射光　100
バンプマッピング　107

鼻音化　42
非言語情報　173
ピコネット　170
非線形PCM　19
非線形量子化　16
ビタビアルゴリズム　64
ピッチ　44
ピッチ周波数　28
ビットストリームデータ　87
ビットレート　19
ビデオフォーマット　90
非同期型　162
非同期伝送モード　3
微分形フィルタ　119
ビームサーチ　65
標本化　15
標本化間隔　15, 16
標本化関数　16
標本化周波数　15
標本化定理　16
標本値　15, 16
標本点　15, 16
ピンホールカメラモデル　96

フォワードアルゴリズム　63
フォンシェーディング　104

フォンのモデル 100
不可逆符号化 76
不完全データ 54
複合現実感 108
複素フーリエ級数 14, 15
複素フーリエ係数 14
符号化方式 163
物体座標系 96
フーリエ逆変換 14
フーリエ級数 11
フーリエ係数 12, 15
フーリエ変換 14
プリミティブ 94
フレームバッファ 102
プログレッシブ DCT ベース 79
プロトタイピング 183
文-音声変換 41
分析合成 45
文節数最小法 42

平滑化フィルタリング 114
平均化法 115
平行光源 99
平行投影 96
ベイズ規則 135
平板型 43
ペイロード 163
ペインタアルゴリズム 104
ベクトル量子化 40
ヘッダ 163
偏自己相関係数 37
偏相関 34
偏相関分析法 31
ペン入力 180

母音 44
ポインティング 177, 180
ポーズ 43
ホルマルト 29
ホルマント合成 45

マ 行

マクロブロック 78
マスキング 25

マスタ 170
マハラノビス距離 140
マルチチャネル符号化 20
マルチメディア情報通信 162
マルチメディア文書 156
マルチモーダル対話 171
マルチモーダル対話システム 178

未知語 42

無声音源 45
無声化 42
無線 LAN 164

メタファ 178
メディアン法 115, 118

モダリティ 174
モデリング 92
モデリング変換 97
モバイル端末 166
モーメンタム 145

ヤ 行

有声音源 45
ユーザインターフェース 171
ユーザ主導 183

予測符号化 77

ラ 行

ラスト 10 m 問題 166
ラプラシアンガウシアンフィルタ 122
ランダムアクセス 85
ランバートの余弦則 100
ランレングスハフマン符号化法 24

離散コサイン変換 77
リップシンク 181
粒度 3
量子化 16, 78
量子化ステップ 16

量子化歪み 16, 39
量子化レベル数 16
リンクづけ 158

類似度法 133

レイトレーシング 106
レイヤ構造 166
連濁 43
レンダリング 92

ロスレス 79
ロバスト 175

ワ 行

ワイヤフレームモデル 93
ワイヤレスモデムステーション 168
ワークフロー 171
話者識別 29
割込み対話 183
ワンパスアルゴリズム 71

欧 文

AC-3 27
ATM 3, 162
ATRAC 28
B ピクチャ 85
Barge-in 180
Bluetooth 163
cdma One 41
CELP 41
CG 92
CML 162
COC 45
CSG 94
CTI 41
DCT 20, 76, 77
EM アルゴリズム 57
FEP 156
GOP 構造 85
GPS 164
GUI 171
H.261 80

索　引

HDTV　84
HMM　60
HTML　156, 158
Hytime　156, 157
Iピクチャ　85
JPEG　74
kパラメータ　46
LPC係数　31
LSP　47
MAP　52
mathematical morphology　117
mathML　162
MC　77
MDCT　22
Mesa　110
MHEG　156
MinMax系フィルタ　119, 123

MinMax法　115, 118
MMI　171
MPEG　26, 74
MPEG 1　26, 82, 84
MPEG 2　82, 88
MPEG 2/AAC　26
MPEG 2/BC　26
MPEG 4　26
Nグラム言語モデル　70
N-gram　156
NTSC　75
OpenGL　110
Pピクチャ　85
PARCOR　46
PCM　19
PDA　180
POV-Ray　110
PSOLA　45

RDF　162
RGB表色系　99
SGML　156
SMIL　162
SVG　162
TTS　41
TV会議　73
TV電話　73
UI　170
Voice XML　162, 181
W3C　7
Webブラウザ　158
WYSIWYG　158
XML　158
XSL　158, 160
Zバッファ法　105

著者略歴

新田恒雄(にった つねお)
- 1946年 山口県に生まれる
- 1969年 東北大学工学部電気工学科卒業
- 現在 豊橋技術科学大学大学院工学研究科教授 工学博士

岡村好庸(おかむら よしのぶ)
- 1950年 奈良県に生まれる
- 1981年 ニューヨーク州立大学大学院博士課程修了
- 現在 宇部工業高等専門学校電気工学科助教授 Ph. D.(理学博士)

杉浦彰彦(すぎうら あきひこ)
- 1965年 愛知県に生まれる
- 1990年 東京農工大学大学院工学研究科博士課程修了
- 現在 豊橋技術科学大学大学院工学研究科助教授 工学博士

小林哲則(こばやし てつのり)
- 1957年 東京都に生まれる
- 1985年 早稲田大学大学院理工学研究科博士課程修了
- 現在 早稲田大学理工学部電気電子情報工学科教授 工学博士

金澤靖(かなざわ やすし)
- 1962年 群馬県に生まれる
- 1987年 豊橋技術科学大学大学院工学研究科修士課程修了
- 現在 豊橋技術科学大学知識情報工学系助教授 博士(工学)

山本眞司(やまもと しんじ)
- 1940年 愛知県に生まれる
- 1962年 名古屋大学工学部卒業
- 現在 豊橋技術科学大学知識情報工学系教授 工学博士

科学技術入門シリーズ7
マルチメディア処理入門 定価はカバーに表示

2002年4月15日 初版第1刷

著者	新田恒雄
	岡村好庸
	杉浦彰彦
	小林哲則
	金澤靖
	山本眞司
発行者	朝倉邦造
発行所	株式会社 朝倉書店

東京都新宿区新小川町6-29
郵便番号 162-8707
電話 03(3260)0141
FAX 03(3260)0180
http://www.asakura.co.jp

〈検印省略〉

© 2002 〈無断複写・転載を禁ず〉 シナノ・渡辺製本

ISBN 4-254-20507-4 C 3350 Printed in Japan